实用杏

图诀200例

张　晨　张凤仪　编著
江淑波　赵进心　绘图

中国农业出版社

图书在版编目（CIP）数据

实用杏树栽培图诀200例/张晨，张凤仪编著；江淑波，赵进心绘．—北京：中国农业出版社，2005.12（2010.8重印）

ISBN 978-7-109-10473-0

Ⅰ．实… Ⅱ．①张…②张…③江…④赵… Ⅲ．杏—果树园艺—图解 Ⅳ．S662.2-64

中国版本图书馆CIP数据核字（2005）第133536号

中国农业出版社出版

（北京市朝阳区农展馆北路2号）

（邮政编码 100125）

责任编辑 徐建华

北京中兴印刷有限公司印刷 新华书店北京发行所发行

2006年1月第1版 2010年8月北京第2次印刷

开本：850mm×1168mm 1/64 印张：3.75

字数：108千字 印数：6 001～11 000册

定价：8.00元

前　言

杏原产于我国，是我国主要落叶果树之一。其果实6月初即可采收上市。营养丰富，味道可口，对调节初夏鲜果市场供应起着十分重要的作用。杏树结果早，寿命长。栽上二、三年就可结果。杏树适应性强，抗旱，抗寒，耐盐碱，耐瘠薄，平原山地均可栽培，投资少，好管理，经济效益高，是农民脱贫致富的理想树种。

杏具有较高的营养价值和医疗效果。果实含有人体所需的多种营养物质。每100克果肉中含蛋白质0.1克，碳水化合物11.1克，钙26毫克，磷24毫克，铁0.8毫克，胡萝卜素1.79毫克。胡萝卜素可抑制肿瘤形成，有延缓细胞和肌体衰老的作用。中医学认为，杏性甘酸润肺、定喘、生津止渴、祛痰、清热解毒。多食杏果能降低血液黏稠度，对脑血管病人大有好处。

杏仁的营养含量很高，甜杏仁是高级食品的

原料。苦杏仁具有很高的药用价值。

杏具有很高的加工潜力，可制成杏脯、杏干、杏汁、杏罐头、杏仁露、杏仁奶等食品。

山杏树不仅可以绿化荒山，也可以美化城市、庭院。对改善生态环境具有重要意义。

近年来，杏树栽培发展很快，我们以传播实用技术为重点，编写了《实用杏树栽培图诀200例》一书。

本书共分八章二十节，以一事一例，上图下口诀的形式，详细介绍了杏树优良品种，育苗，建园，土、肥、水管理，花果管理，病虫害防治，整形修剪和近年来兴起的杏树保护地栽培等内容。

读者可以通过看图学技术，背口诀、记要点，达到看的懂、学的会、实践中容易掌握的目的。

本书在编写过程中曾参考了一些国内外果树专著，不再一一列举，在此一并致谢，由于作者水平有限，不妥之处在所难免，敬请读者批评指正。

张晨　张凤仪

2005年10月于河北涉县更乐

目　录

第一章　杏树优良品种介绍

我国杏优良品种很多，现以鲜食品种、仁用品种介绍如下，供读者参考。

一、鲜食品种

1. 骆驼黄杏

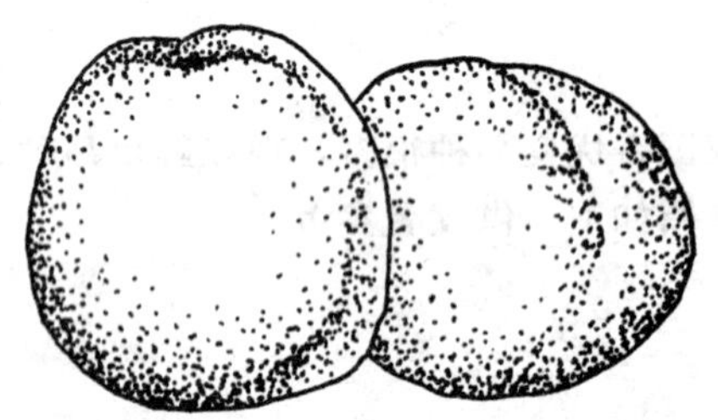

图 1　骆驼黄杏

品种介绍第一例，骆驼黄杏产北京。
果实圆形果顶平，缝合明显两对称。
果皮橙黄阳面红，肉质细软橙黄色。
汁多味甜品质好，6 月成熟上市早。
树姿开张半圆形，抗寒耐旱适应强。

2. 红荷包杏

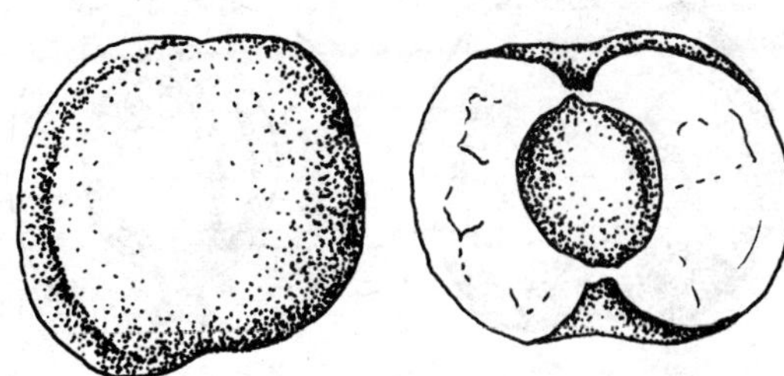

图 2　红荷包杏

品种介绍第二例，红荷包杏产山东。
果实椭圆果顶凹，缝合明显梗洼狭。
果皮橘红阳面紫，果肉质细果汁少。
甜酸可口香气浓，6 月成熟上市早。
树势健壮姿开张，短枝结果多稳产。

3. 串 铃 杏

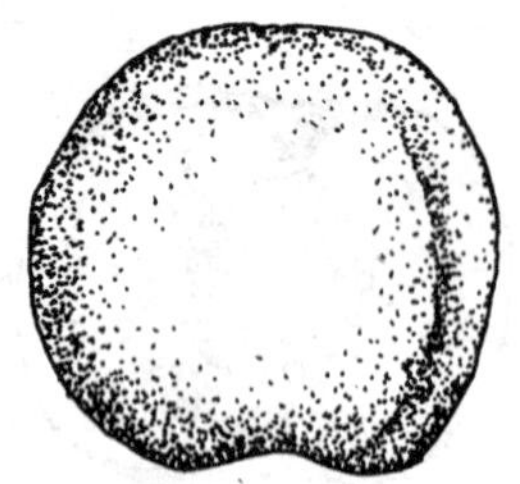
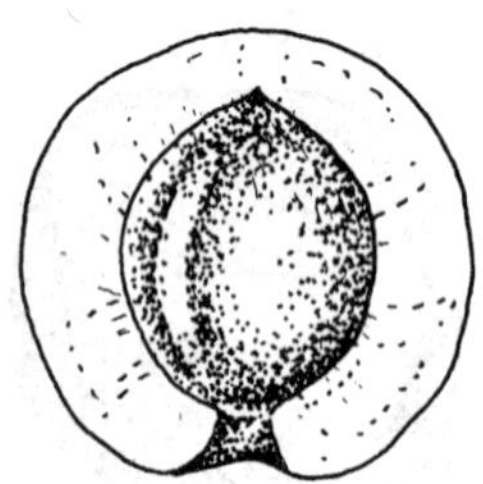

图3　串铃杏

品种介绍第三例，北京郊区产串铃。
果实圆形果顶平，缝合明显肉对称。
果皮淡黄阳面红，果肉质细果汁多。
果味甜酸有香气，粘核仁甜品质优。
树势强健半开张，早熟丰产可推广。

4. 红玉杏

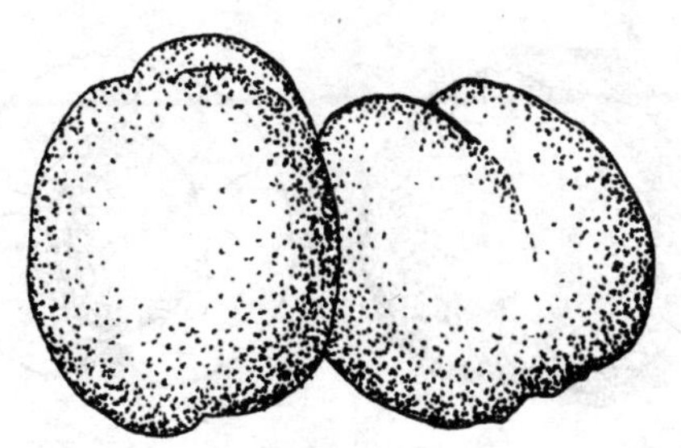

图 4　红玉杏

品种介绍第四例，红玉大杏产山东。
果实椭圆果顶平，缝合明显梗洼深。
果皮橘红阳面红，果肉质细汁液多。
甜酸适口风味浓，6 月早熟品质优。
树势健壮早丰产，鲜食加工两兼用。

5. 金香杏

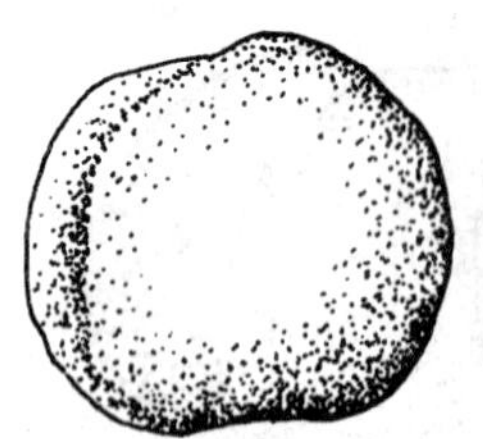
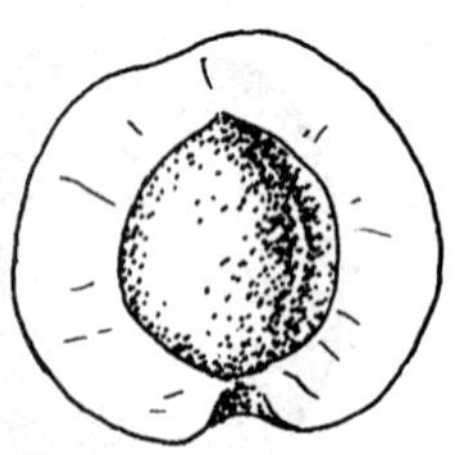

图 5　金香杏

品种介绍第五例，河南郑州金香杏。
果实圆形果顶平，两侧片肉较对称。
果个较大橙黄色，单果平均一百克。
果肉金黄肉质细，汁多味甜品质上。
树势健壮姿开张，离核仁甜结果早。

6. 串枝红杏

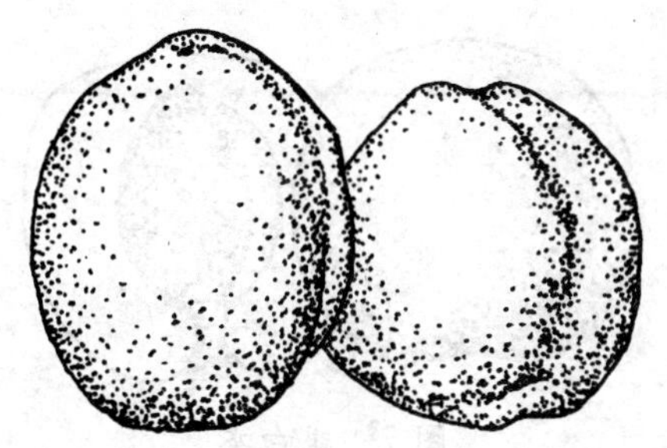

图 6　串枝红杏

品种介绍第六例，河北邢台串枝红。
果实圆形果顶凸，缝合明显梗洼深。
果面橙黄阳面红，果肉细密汁液多。
甜酸可口品质上，两侧片肉不对称。
树势强健枝开张，鲜食加工两兼用。

7. 银白杏

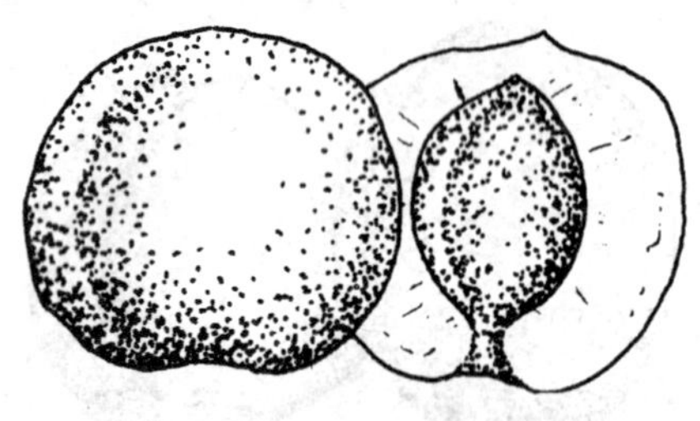

图7 银白杏

品种介绍第七例，河北陕西银白杏。
果实近圆果底平，缝合线浅不对称。
果面黄白阳面红，果肉质细纤维少。
甜酸适口香气浓，离核仁甜品质优。
树势强健姿开张，短枝结果较丰产。

8. 仰韶黄杏

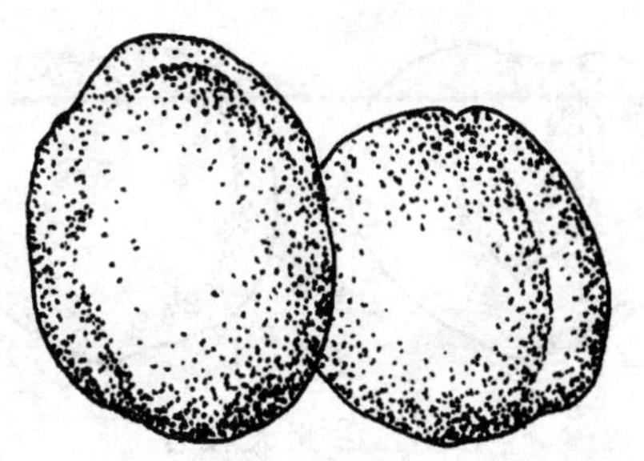

图 8　仰韶黄杏

品种介绍第八例，仰韶黄杏产河南。
果实卵圆果顶平，两侧片肉不对称。
果皮橙黄阳面红，肉质细韧有弹性。
果肉橙黄汁液多，甜酸适口香气浓。
抗寒耐旱耐瘠薄，鲜食加工两兼用。

9. 兰州大接杏

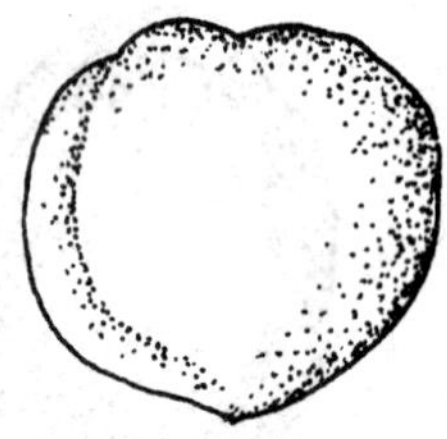

图 9　兰州大接杏

品种介绍第九例，兰州接杏产甘肃。
果实卵圆果顶圆，缝合明显梗洼深。
果皮黄色阳面红，果肉金黄肉质细。
柔软多汁纤维少，味甜浓香品质优。
树势强健半开张，抗寒耐旱较丰产。

10. 沙金红杏

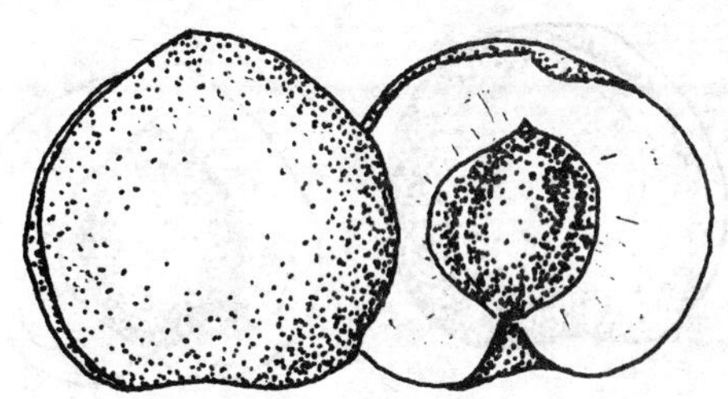

图 10 沙金红杏

品种介绍第十例，沙金红杏产山西。
果形不正扁圆形，果顶微凹梗洼深。
果皮橙黄阳面红，果肉质细汁液多。
甜酸可口品质上，鲜食加工两兼用。
树势中庸圆头形，短枝结果较丰产。

11. 硬条京杏

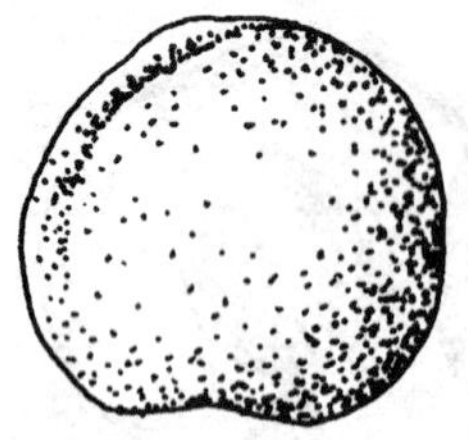
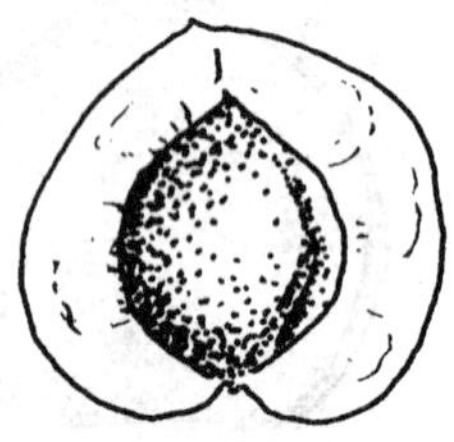

图 11　硬条京杏

品种介绍十一例，山西阳高硬条京。
果实卵圆果顶平，外形整齐梗洼广。
果皮金黄阳面红，果肉橙黄质细硬。
果汁液多纤维少，甜酸可口香气浓。
树姿直立半圆形，成熟一致耐贮运。

12. 红梅杏

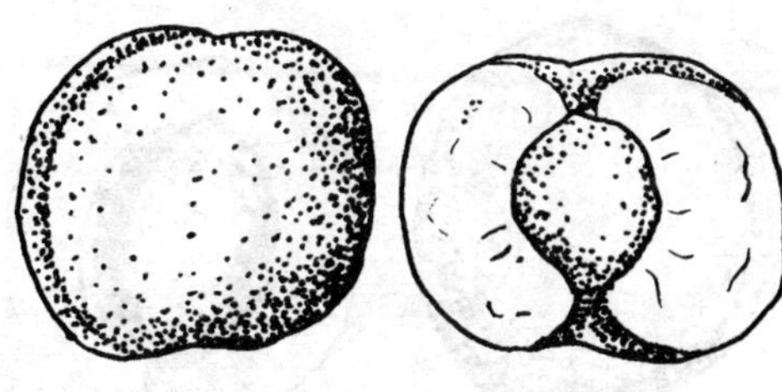

图 12　红梅杏

品种介绍十二例，山西永济红梅杏。
果实扁圆果顶凹，缝合线浅较明显。
果皮黄白阳面红，果肉淡黄质致密。
酸甜适口汁液多，品质上等味芳香。
树冠高大半圆形，高产稳产离核杏。

13. 白水杏

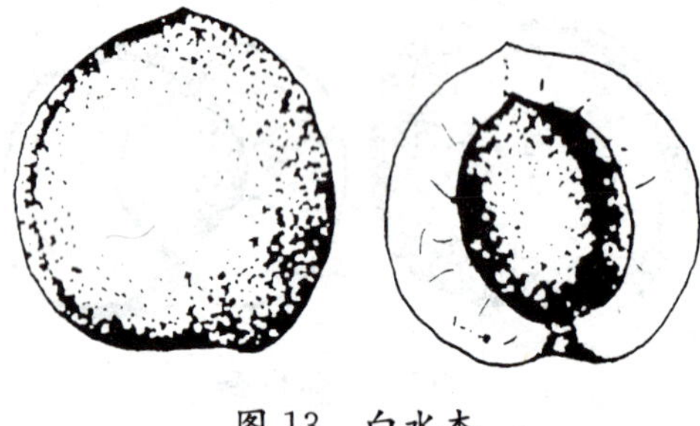

图 13　白水杏

品种介绍十三例，山西万荣白水杏。
果实圆形果顶平，缝合线浅较明显。
果肉黄白质致密，果汁液多纤维少。
甜酸适口有清香，果实离核品质上。
树姿开张半圆形，高产稳产好品种。

14. 金皇后杏

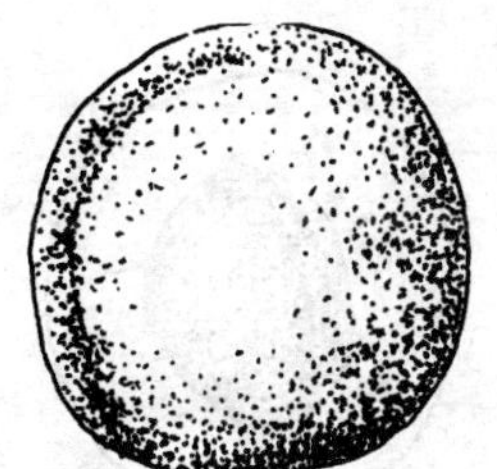
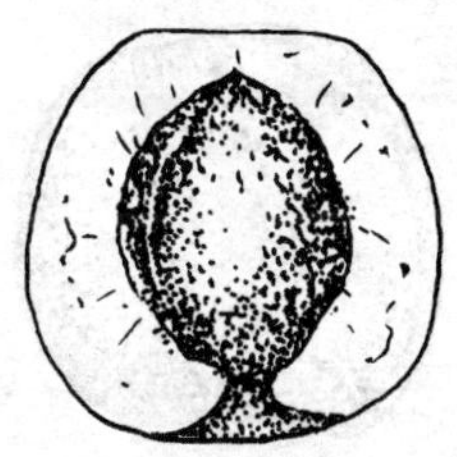

图 14　金皇后杏

品种介绍十四例，陕西选育金皇后。
果实圆形果顶平，缝合线浅果均匀。
果面金黄阳面红，果肉橙黄质细密。
果肉似李黏核杏，果实变软汁液多。
树势中庸短枝多，花期较晚不怕霜。

15. 新世纪杏

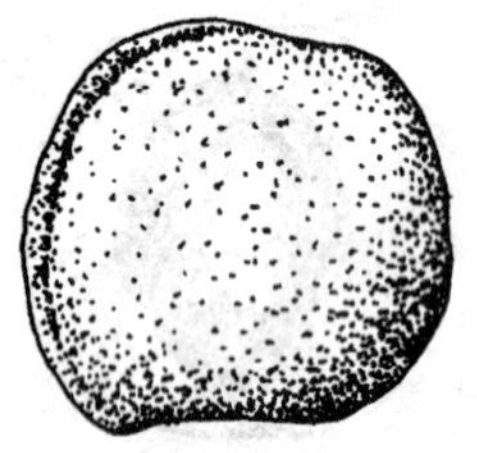
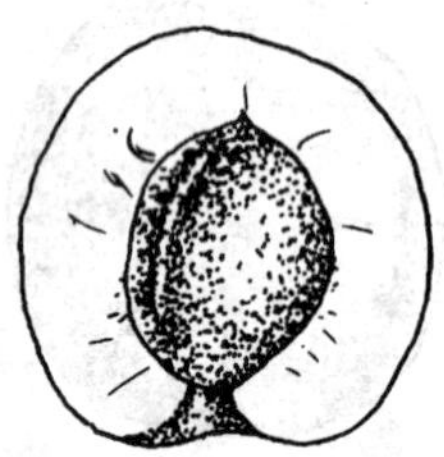

图 15　新世纪杏

品种介绍十五例，山东选育新世纪。
果实卵圆果顶平，果面光滑不对称。
果实橙黄阳面红，肉质细密香味浓。
酸甜可口含糖高，离核仁苦花期晚。
树冠开张枝细垂，自花结实能力强。

16. 大扁头杏

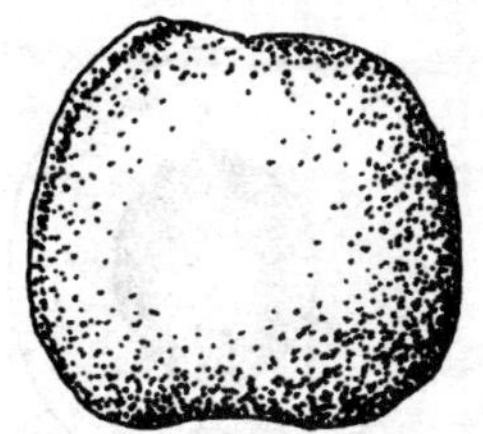
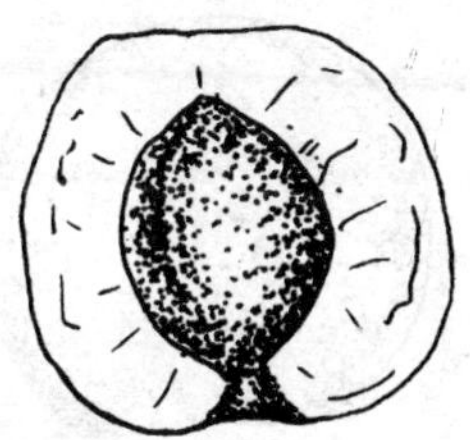

图 16　大扁头杏

品种介绍十六例，甘肃兰州大扁头。
果实圆形果底平，缝合线显著中深。
果实较大 70 克，　两侧片肉不对称。
果皮绿黄有彩红，果肉黄色纤维少。
肉质细密汁液少，甜酸可口风味浓。

17. 葫芦杏

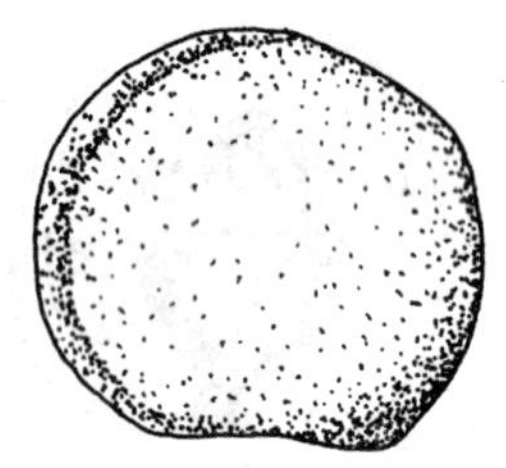
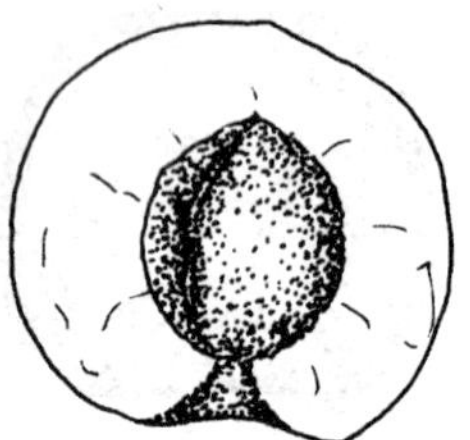

图 17　葫芦杏

品种介绍十七例，原产陕西葫芦杏。
果实圆形果底平，缝合明显果实大。
单果平均 90 克，两侧片肉不对称。
果皮橙黄有红晕，肉质细软纤维少。
树势健壮半开张，短枝结果品质优。

18. 二转子杏

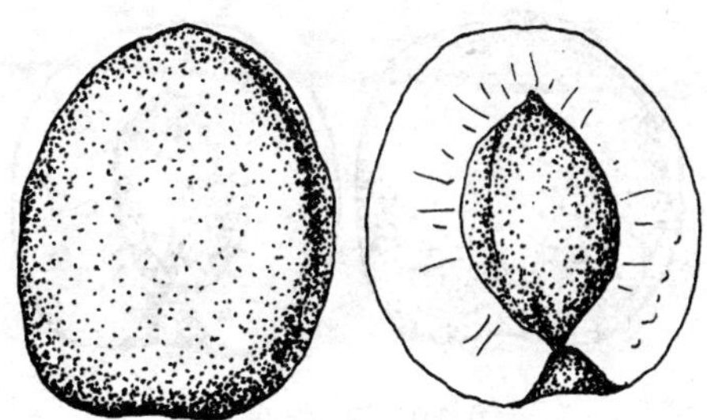

图 18　二转子杏

品种介绍十八例，原产陕西二转子。
果实特大长圆形，单果平均 100 克。
果实缝合线浅平，两侧片肉不对称。
果顶微凹梗洼深，果底绿黄阳面红。
果面光滑果肉厚，肉质致密果汁多。
酸甜味浓有香气，树体高大较丰产。

19. 大黄甜杏

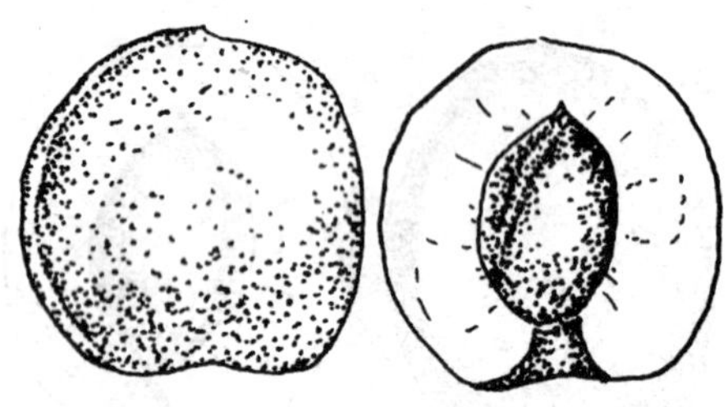

图 19　大黄甜杏

品种介绍十九例，大黄甜杏产山西。
果实偏圆大型果，单果平均 90 克。
果顶微凹梗洼深，缝合明显不对称。
果面金黄有光泽，果肉致密汁液多。
树姿直立圆头形，离核仁甜好品种。

20. 玛瑙杏

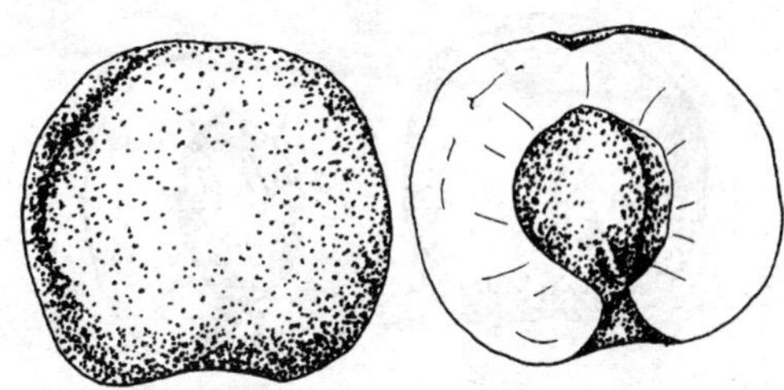

图 20　玛瑙杏

品种介绍二十例，原产美国玛瑙杏。
果实圆形果顶平，果面洁净很美观。
果皮橘红阳面红，果肉较硬汁液多。
酸甜可口含糖高，离核仁苦核丰产。
树势中庸短枝多，晚熟品种耐贮运。

21. 金太阳杏

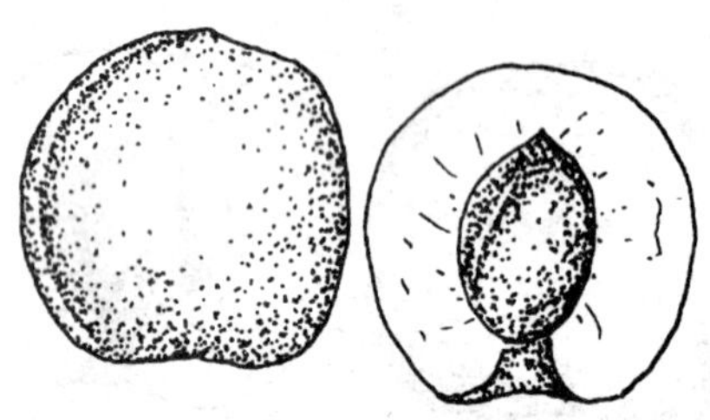

图 21　金太阳杏

品种介绍二一例，美国引进金太阳。
果实圆形果顶平，缝合线浅较平整。
两侧片肉较对称，果面光洁金黄色。
外观美丽阳面红，肉质细嫩纤维少。
汁液较多有香气，树势中等产量稳。

二、仁用杏品种

1. 龙王帽杏

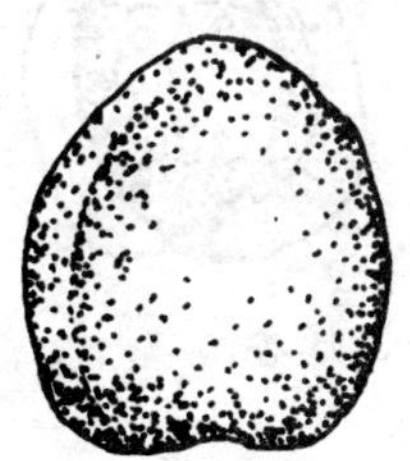
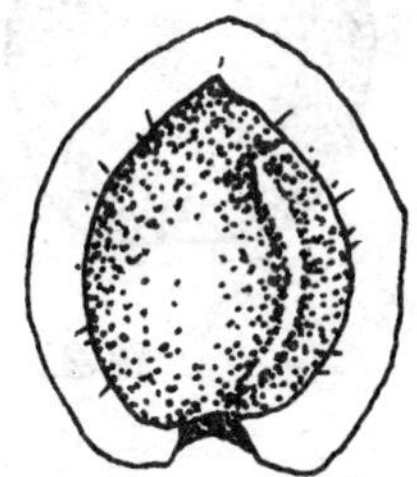

图 22　龙王帽杏

品种介绍二二例，仁用品种龙王帽。
果实椭圆两侧偏，缝合线浅很明显。
果皮黄色阳面红，果肉较薄纤维多。
汁少味酸鲜食差，离核核大仁饱满。
树势强健成形快，抗寒耐旱品质优。

2. 一窝蜂杏

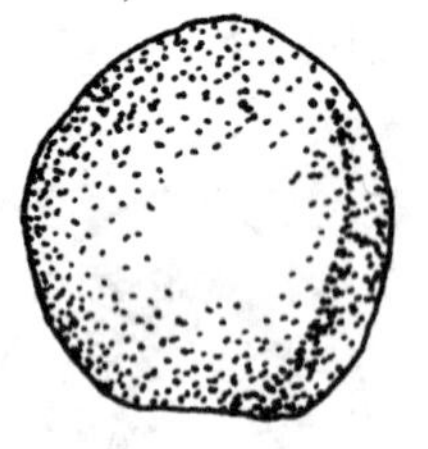
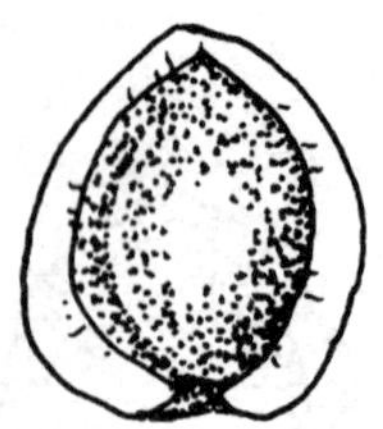

图 23　一窝蜂杏

品种介绍二三例，河北涿州一窝蜂。
果实长圆果顶尖，梗洼较深有沟纹。
果皮黄色阳面红，粗纤维多果肉薄。
汁少味涩不宜食，离核仁饱味香甜。
树势中等较耐旱，边远山区可发展。

3. 超 仁 杏

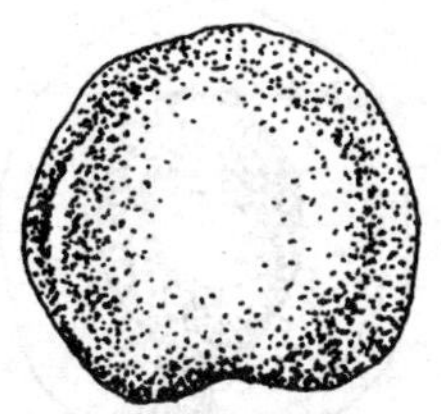
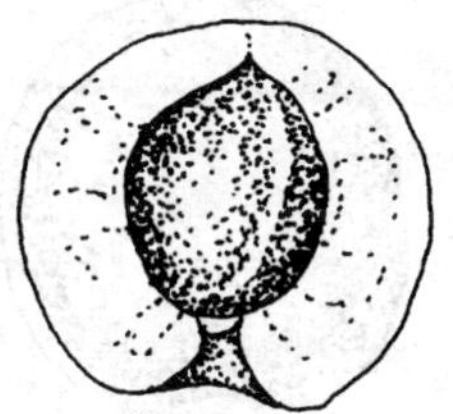

图 24 超仁杏

品种介绍二四例，辽宁选出超仁杏。
果实椭圆果个小，果皮橙黄果肉薄。
果汁极少味酸涩，离核仁饱仁很大。
抗寒耐旱抗病虫，丰产稳产品质优。

4. 优 一 杏

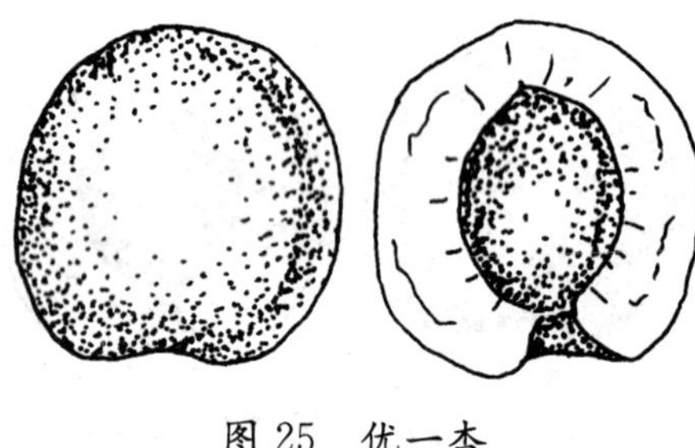

图 25　优一杏

品种介绍二五例，河北选育优一杏。
果实较圆两侧扁，果皮绿黄阳面红。
杏仁长扁出仁多，壳薄味甜品质优。
树势强健姿开张，七月成熟中晚熟。
抗寒耐旱较丰产，适宜山区多发展。

5. 丰仁杏

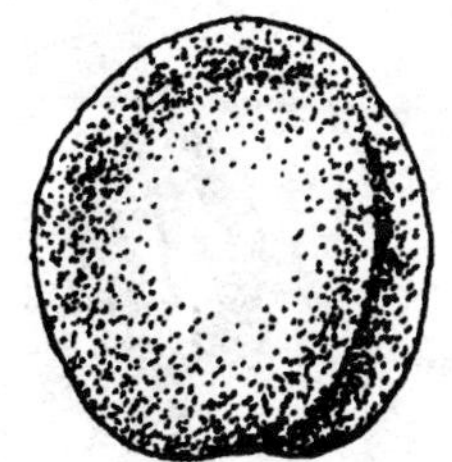
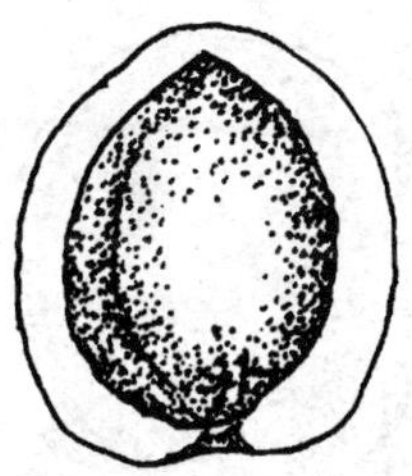

图26 丰仁杏

品种介绍二六例，辽宁选育丰仁杏。
果实椭圆果个小，果皮橙黄果肉薄。
果汁极少味酸涩，不宜鲜食仁用杏。
离核仁厚仁饱满，杏仁香甜品质优。
树势中庸坐果多，早果性好极丰产。

6. 北山大扁杏

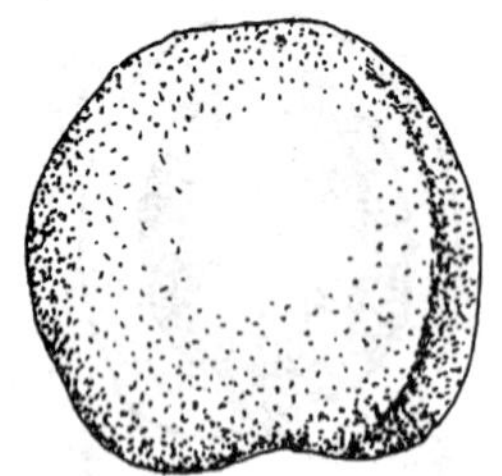
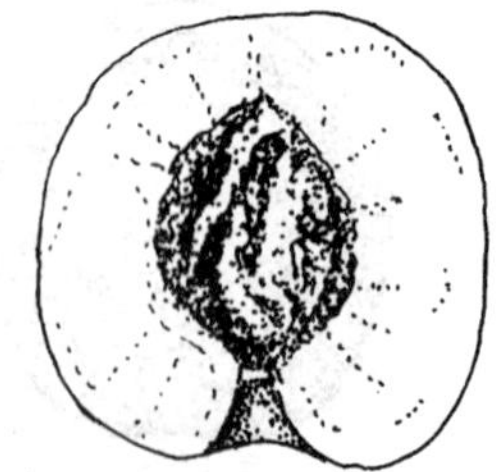

图 27　北山大扁杏

品种介绍二七例，北京北山大扁杏。
果实扁圆果底平，果皮黄色阳面红。
果肉橙黄肉质粗，果汁较少味酸甜。
离核仁甜扁而薄，含粗脂肪味香甜。
树势强健耐干旱，适应性强产量高。

7. 关爷脸杏

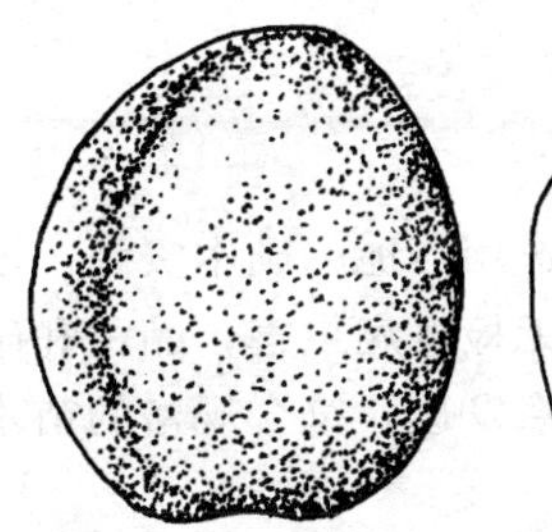
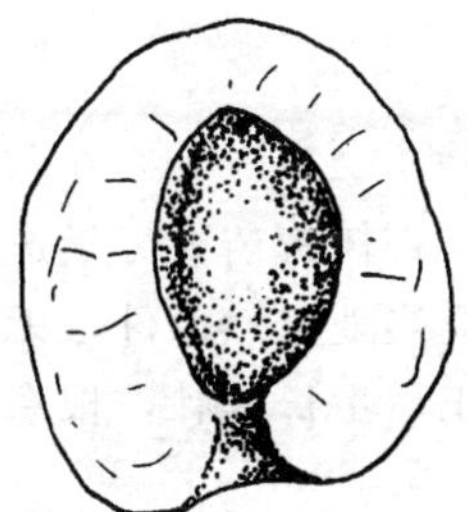

图 28　关爷脸杏

品种介绍二八例，原产河北关爷脸。
果实扁圆卵圆形，两侧片肉不对称。
果皮橙黄阳面红，肉质致密纤维少。
甜酸适口品质上，离核仁甜耐贮藏。
抗寒耐旱抗性强，加工仁用两兼用。

第二章　杏树育苗

杏树育苗要尽量选用当地的砧木资源，培育适应当地自然条件，无检疫病虫害，品种和砧木纯正，生长健壮，根系发达，符合规格的苗木。

第一节　砧木苗的繁育

一、杏树砧木苗主要用于实生繁殖，砧木种类有山杏、普通杏、山桃、毛桃、西伯利亚杏、李、梅等与杏嫁接能成活的种类。生产中常用普通杏、山杏、山桃、毛桃、西伯利亚杏作砧木。

二、砧木种子采集

砧木种子应从生长健壮、无病虫害的优良母树上采集，所采种子必须充分成熟。采收后要堆放在棚下，促使果肉充分成熟后腐熟软化。除去果肉，清洗种子，阴干，在低温干燥的条件下贮藏备用。

三、种子的处理

杏树砧木种子，从成熟到发芽需要经过一系列的生化变化，以解除休眠。必要的条件是一定的低温和适宜的湿度，一般采用沙藏法。

四、播种和苗期管理

1. **播种期**　分秋播和春播两种。秋播多在上冻前，11月上中旬。春播在解冻后3～4月份。

2. **播种方法**　分条播、撒播、穴状点播和子苗移栽等几种。生产上多用条播或点播，便于管理，当年可以芽接。先整地，做成平畦，每畦播4行。采用双行带状条播，带内行距15厘米；带间距50厘米。边行距畦埂10厘米。播种深度一般以种子最大直径的3～5倍为宜。干燥地区要播得深些，砂土、砂壤土比黏土要深些，播后要搂平，上面再盖上地膜增湿保温。

3. **播种后的管理**　幼苗出齐后，要松土保墒，按5～8厘米的株距进行定苗或补苗。当幼苗长到5～6片叶时，开始浇水，浇水不宜过早过多。定苗前期以氮肥为主，后期需加磷、钾肥。一般在5～6月开始追肥，667米^{2}施尿素15～20千克或人粪尿1 500～2 500千克。施肥的同时要注意浇水。除了根部追肥外，也可采用根外追肥。如结合喷农药,也可以喷施尿素或磷酸二氢钾等化肥。此外,还要注意中耕锄草。另外,雨季要注意排水。防止下雨多积水,烂树根。

1. 普通杏

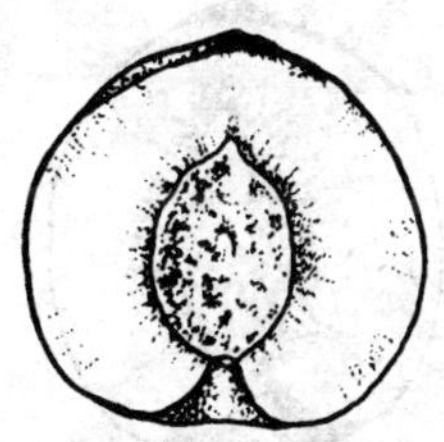

图 29　普通杏

杏树育苗第一例，普通杏苗作砧木。
华北东北西北区，气温较低很适宜。
抗寒耐旱耐盐碱，嫁接杏树亲和牢。
沙藏需经两个月，温水浸泡催芽法。
当年播种秋芽接，翌年生长很健壮。

2. 山　杏

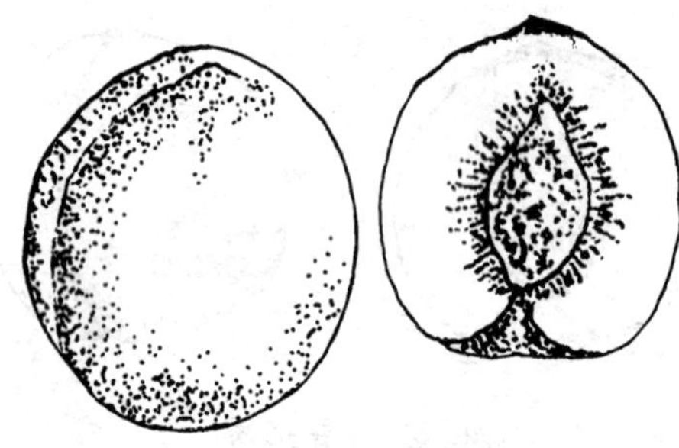

图 30　山　杏

杏树育苗第二例，山杏育苗作砧木。
华东华南山杏多，抗寒耐旱适应强。
嫁接杏树亲和好，温水浸泡催芽法。
也可秋后用沙藏，次年春季用条播。
春播夏管苗长快，秋天即可用芽接。

3. 山　桃

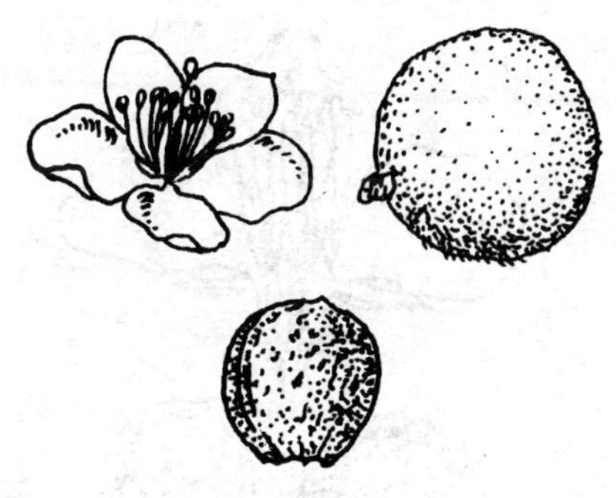

图 31　山　桃

杏树育苗第三例，砧木种子用山桃。
西北华北育苗用，生长快速适应强。
抗寒耐旱耐盐碱，嫁接杏树亲和牢。
山桃育苗较普遍，嫁接成活率较高。

4. 毛　桃

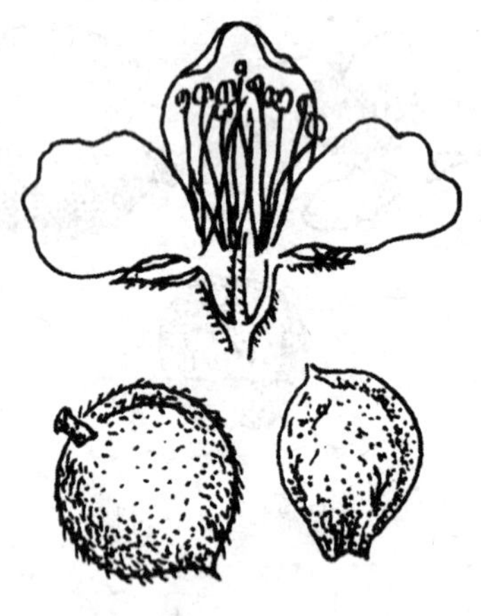

图 32　毛　桃

杏树育苗第四例，毛桃可作砧木苗。
安徽河南常用它，生长很快适应强。
抗旱耐寒怕积水，嫁接成活亲和好。
嫁接以后生长快，根系发达寿命长。

5. 种子采集

图 33　杏种子采集

杏树育苗第五例，种子采集在秋季。
母树健壮无病虫，充分成熟后采收。
采回堆集腐熟后，及时清水洗果肉。
种子洗好不曝晒，阴凉通风处晾干。

6. 种子沙藏

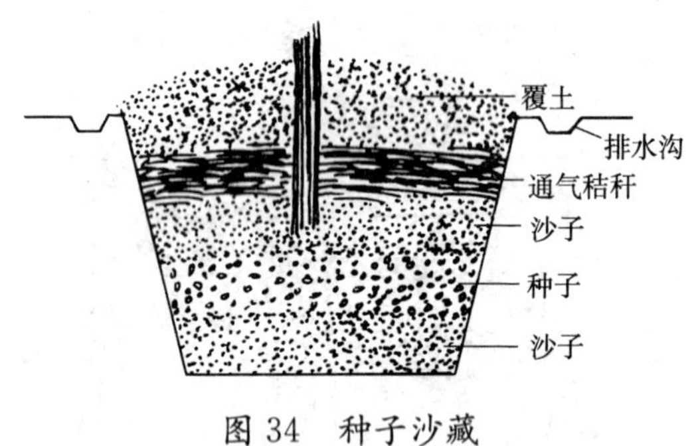

图 34 种子沙藏

杏树育苗第六例，种子播前要沙藏。
地下挖坑选高处，少量种子用花盆。
种子掺沙二十倍，搅匀拌湿沙藏好。
种子通气插草把，定期翻动防种烂。
沙藏时间两个月，播种最佳三月份。

7. 育苗整地

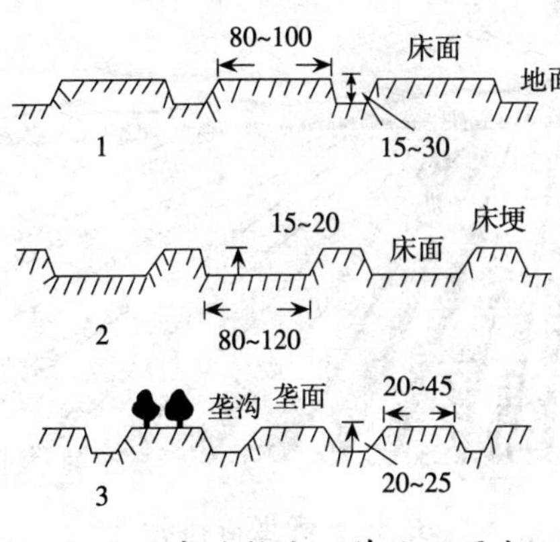

图 35 育苗整地（单位：厘米）

1. 高床 2. 低床 3. 大田高垄（双行）

杏树育苗第七例，育苗之前先整地。
水地育苗整高畦，旱地育苗用平畦。
苗畦整好施基肥，深翻碎土要保墒。
畦面整好速播种，西北方向设风障。
苗畦设计能浇水，雨季保证排水畅。

8. 实生苗播种

图 36　实生苗播种

杏树育苗第八例，播种前做几件事。
鉴定种子发芽率，地下害虫要早治。
百分五十辛硫磷，加水拌种灭害虫。
播种开沟手点播，宽窄行距要区分。
宽行 50 窄 15（厘米），有利苗长和嫁接。
秋播要在上冻前，春播可在解冻后。

9. 实生苗断根管理

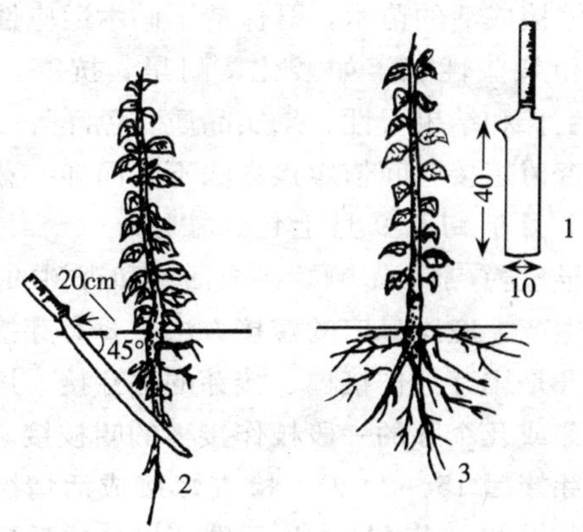

图37　实生苗断根管理(单位：厘米)

1. 断根铲　2. 断根法　3. 断根后发出侧根

杏树育苗第九例，实生苗木要断根。
苗木断根在六月，切断主根增须根。
须根多了易成活，苗木旺长可缓苗。
也可移栽顶间苗，苗木利用较充分。
断根移栽要注意，及时浇水保成活。

第二节　苗木嫁接

嫁接成活的苗木，既保持了砧木适应性强的特性和某些性状，如矮化、耐旱、抗寒、抗病虫、生长和结果习性、果实品质、色泽等。

杏树嫁接时间依嫁接方法不同而异。芽接一般在 7 月下旬至 9 月上旬。枝接在 3～4 月份。若过早过晚，都会影响嫁接成活率和杏树的生长。

生产上应用最广的嫁接方法主要有芽接和枝接。凡是用芽片作接穗、接芽的称芽接。用具有一个芽或几个芽的一段枝作接穗的叫枝接。

芽接后 15～20 天，检查嫁接成活情况，以便进行补接。若在 7～8 月份芽接，成活后要及时解绑，否则会影响嫁接部位砧木的加粗生长。9 月份以后芽接的，当年可不解绑。枝接要在嫁接后 30 天检查成活情况。并在新苗长到 30 厘米左右时，解除绑缚物。解绑过早，愈合不牢，解除过晚，影响生长。芽接苗第二年春季在接芽上方 1 厘米处剪砧。剪砧后砧木上易发出大量萌蘖，要及时除萌蘖。接芽萌发的新梢在其木质化前极易被风吹断，需要立支柱加以保护。

1. 嫁接部位名称

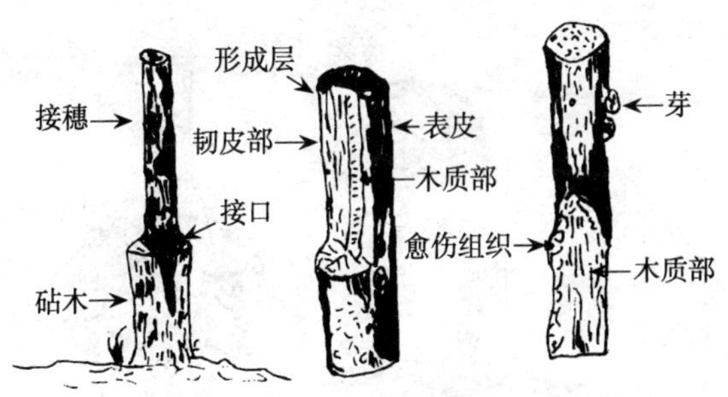

图 38 嫁接部位名称

杏树嫁接第一例，砧木接穗二合一。
下部长根叫砧木，上部接穗长成树。
结合部位叫接口，愈伤组织形成层。
双方对准形成层，能否成活靠愈伤。

2. 选用无病虫接穗

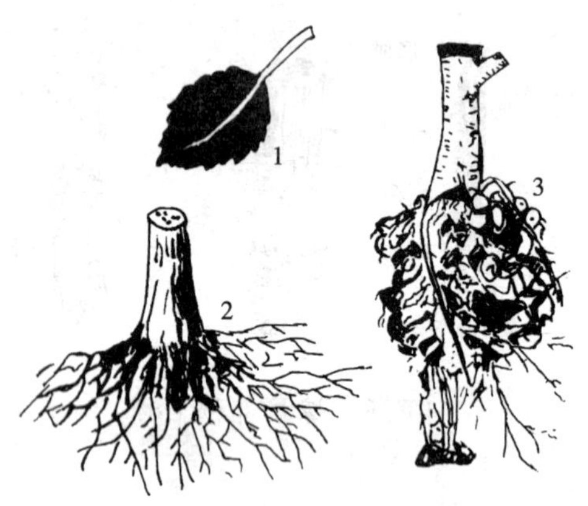

图 39　选用无病虫接穗

1. 杏疔病叶　2. 根腐病　3. 根癌病

杏树嫁接第二例，接穗不用病虫枝。
杏红点病杏疔病，杏流胶病根腐病。
天幕毛虫杏仁蜂，红颈天牛蚧壳虫。
检疫对象病虫枝，坚决消灭不传播。
无病无虫枝健壮，愈合良好苗木壮。

3. 芽接前准备工作

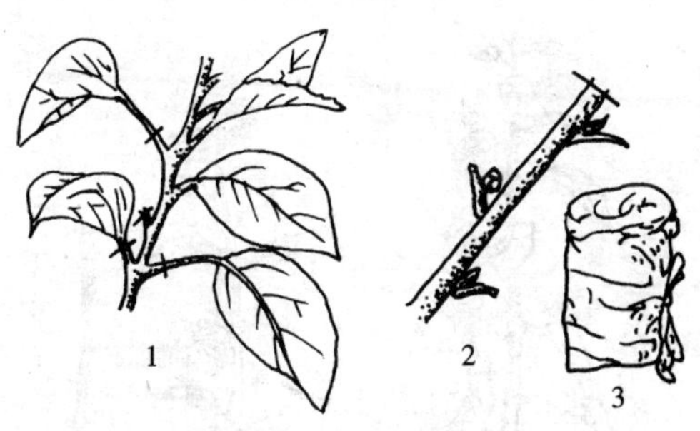

图40　芽接前准备工作

1. 接穗剪叶　2. 剪好的接穗　3. 湿布包接穗

杏树嫁接第三例，芽接省工成活高。
采下接穗先剪叶，去叶切记留叶柄。
留下叶柄保护芽，接穗两头抹接蜡。
为了接穗保鲜好，薄膜湿布两层包。
存放阴凉潮湿处，随接少取成活多。

4. 芽接部位和接穗选芽部位

图 41 芽接部位和接穗选芽部位

1. 砧木 2. 接穗

杏树嫁接第四例，芽接时间七、八、九月。
砧穗双方都离皮，就是芽接好时期。
砧木长有小指粗，接口离地 10 厘米。
嫁接部位光滑处，接穗选用饱满芽。
嫁接晴天上午好，有利愈合成活高。

5. 丁字形芽接

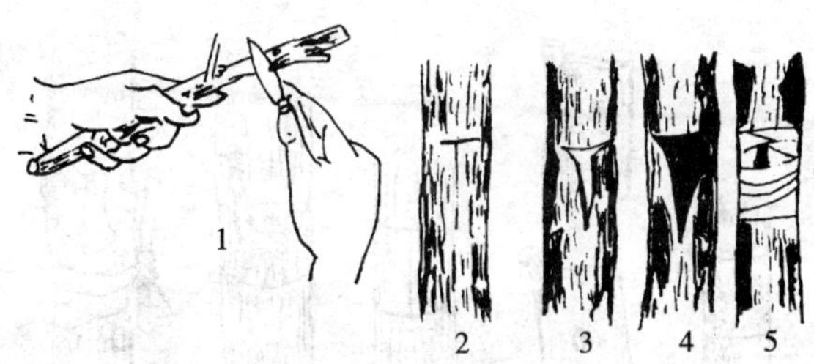

图 42　丁字形芽接

1. 削芽　2、3. 砧木切口

4. 嵌入接芽　5. 绑缚

杏树嫁接第五例，丁字芽接最常见。
先削芽片成盾形，砧皮切成丁字形。
撬开砧皮嵌芽片，紧贴木质上对齐。
绑缚要紧露叶柄，三周可以看成活。
如果芽子没成活，错开部位再补接。

6. 方块形芽接

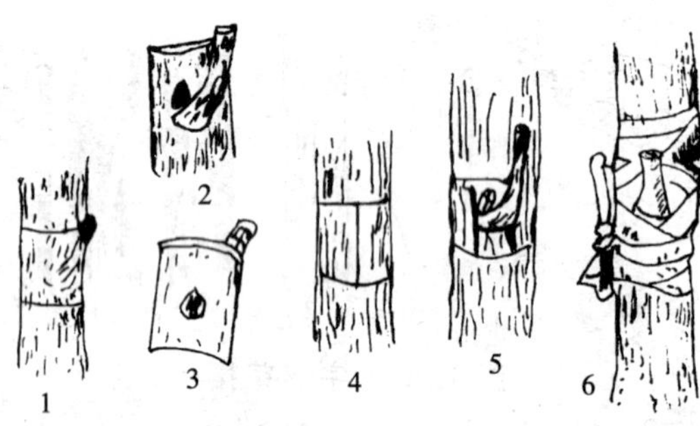

图 43 方块形芽接

1. 芽片切削 2. 芽片正面 3. 芽片反面
4. 砧木切削 5. 嵌入芽片 6. 包扎

杏树嫁接第六例，方块芽接称开门。
接穗选用饱满芽，芽片半指四面划。
带上叶柄方块形，砧皮切成工字形。
扒开砧皮开了门，把芽嵌入门当中。
芽片四边卡对紧，塑料条子要绑紧。

7. 劈　接

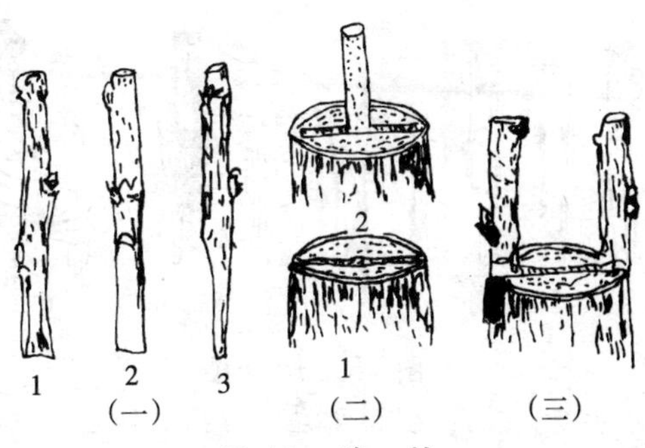

图44　劈　接

(一) 接穗　1. 接穗　2. 正面　3. 侧面

(二) 砧木　1. 劈口　2. 撑开

(三) 插入接穗

杏树嫁接第七例，春分劈接较适宜。
接穗剪下先蜡封，嫁接部位光滑直。
接穗削好成楔形，劈开砧木正当中。
接穗插入接口中，砧穗形成层对准。
塑料薄膜绑缚紧，严防砧穗错部位。

8. 切 接

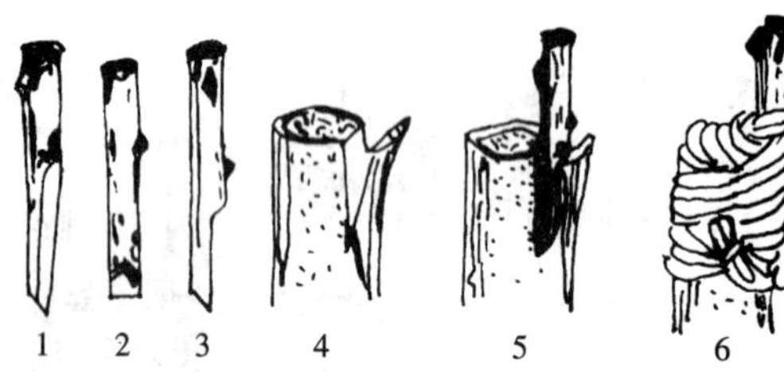

图 45 切 接

1、2、3. 接穗 4. 切口

5. 插入接穗 6. 绑缚

杏树嫁接第八例，切接时间三月份。

适宜一、二年砧木，剪砧留桩 3 厘米。

横面一边垂直切，切削接穗分长短。

长短削面$\frac{1}{3}$厘米，迅速插入砧木中。

砧穗形成层对齐，塑料条子要绑紧。

9. 皮下接

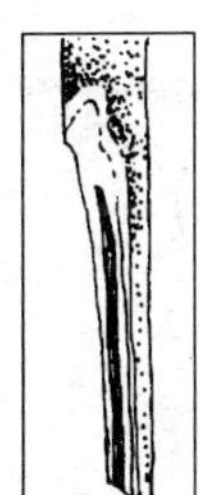

图 46　皮下接

杏树嫁接第九例，杏树皮下枝插接。
大树用皮下插接，树体缺枝补光秃。
砧皮先开月牙口，接穗斜削长削面。
接穗插入月牙内，再用塑料条绑严。

10. 蜡封接穗

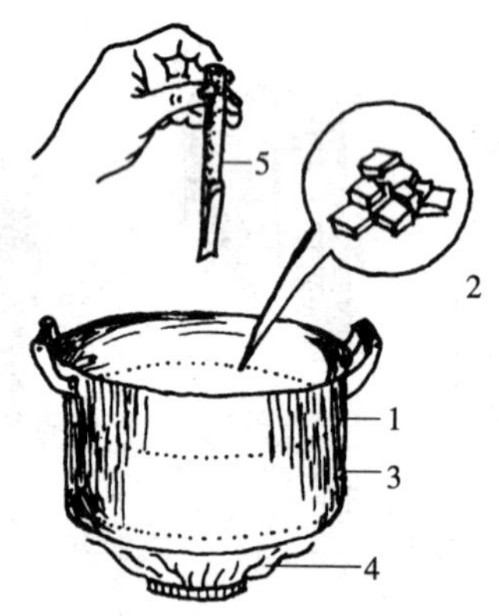

图 47 蜡封接穗

1. 水溶石蜡 2. 兽油 3. 酒 4. 火 5. 接穗

杏树嫁接第十例，接穗蜡封成活高。
水溶石蜡封接穗，90℃蜡温最适宜。
接穗速蘸蜡全封，贮藏运输全都行。
蜡封接穗优点多，操作简便省工钱。
砧穗保湿效果好，愈伤较快成活高。

第三节　苗木出圃

1. 苗木出圃是果树育苗中最后一个环节，一般都在秋季苗木落叶后至土地封冻前进行。也有在春季土壤解冻后苗木发芽前起苗出圃。起苗前要提前两天灌水。地面干后在苗木行的一侧挖30 厘米深的沟，再在另一侧用铁锹距苗木 25 厘米处插下，将苗木连土一同撬起来，再用手将苗木提起整理。

2. 分级：起苗后要把苗放到背阴无风处，按苗木出圃规格选苗分级。砧木苗、残次苗要分别存放。优质苗应具备的条件是根系生长良好，枝条健壮，发育充实，苗高 80 厘米以上，茎粗 0.8 厘米以上，接口愈合好，芽饱满，无病虫为害和损伤（看后附苗木分级表）。

3. 苗木根蘸泥浆：苗木分级后，按 50 株一捆捆成捆。放到泥浆盆里把根部蘸上泥浆。增加苗木根系的温湿度，保护苗根不受损失。

4. 假植：苗木栽前要假植。假植地要选在平坦、背风、排水良好、土层疏松的地方。假植沟要求南北方向，沟深 100 厘米，沟宽 80 厘米，沟长可根据苗木多少而定。

5．苗木检疫：苗木检疫是防治病虫害传播的有效措施，对杏树新发展区尤为重要。对于苗木上带有毁灭性、危险性病虫，必需严格控制，禁止运往异地，否则蔓延成灾，将会造成极大的损失。为此，国家对苗木要实行检疫制度。

1. 苗木分级

杏苗木质量标准

项 目		等 级	
		一 级	二 级
根	侧根数	5 条以上	3 条以上
	侧根长	20 厘米以上	15 厘米以上
	侧根基粗	0.4 厘米以上	0.3 厘米以上
	侧根分布	各方向分布均匀，舒展，不卷曲	各方向分布均匀，舒展，不卷曲
茎	高度	80 厘米以上	60 厘米以上
	粗度（接口上 1 厘米处）	0.8 厘米以上	0.6 厘米以上
芽	整形带	饱满	饱满
接口	愈合程度	完全愈合	完全愈合
砧木	砧愈处理	砧桩剪除，愈合良好	砧桩剪除，愈合良好
苗木	机械损伤	无	无
检疫对象	美国白蛾	无	无

苗木出圃第一例，苗木出圃要分级。
杏树苗木分两级，茎粗根长有规格。
一级苗茎粗 0.8 厘米，侧根长 5 条以上。
二级苗茎粗 0.6 厘米，侧根长 3 条以上。
二级以下等外苗，等外苗木返苗圃。

2. 苗木根部蘸泥浆

图 48 苗木根部蘸泥浆

苗木出圃第二例，苗木出圃蘸泥浆。
防止日晒风吹根，苗木挖出根蘸泥。
水和细土加磷肥，拌成泥浆存大盆。
挖起苗木抖掉土，苗根泥盆蘸泥浆。
苗木蘸泥根保湿，提高苗木成活率。

3. 苗木假植

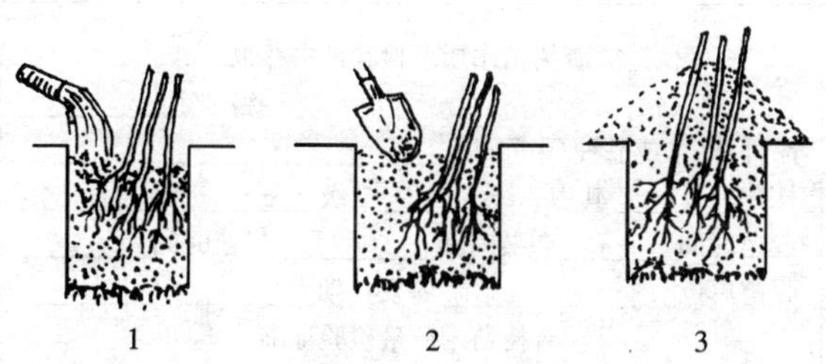

图 49　苗木假植

1. 灌水沉实　2. 填细土封埋

3. 严寒来临加高封土

苗木出圃第三例，苗木栽前要假植。
预先挖好假植坑，苗木散放在坑里。
一层苗木一层土，湿土埋好细土封。
随栽随抱不风干，保护苗木多成活。

4. 苗木检疫

杏树苗木质量检验证书存根

编号__________

品种/砧木或品种/中间砧____________________

株数_______其中一级_______二级_______三级_______

起苗时间_______包装时间_________发苗时间_______

收苗单位_____________签发日期_____________

杏树苗木质量检验证书

编号__________

品种/砧木或品种/中间砧____________________

株数_______其中一级_______二级_______三级_______

起苗日期_______包装时间_________发苗时期_______

砧木来源_____________接穗来源_____________

检验意见____________________________

生产单位_____________收苗单位_____________

生产单位检验人___________签发日期___________

苗木出圃第四例，苗木出圃要检疫。
内检红点杏疔病，检疫病害根腐病。
杏树根癌流胶病，美国白蛾杏仁蜂。
检疫查出禁止运，立即消除不传染。

第三章　杏园建立

第一节　杏园规划及整地建园

发展杏园要因地制宜，合理布局，充分发挥各项设施的效益，实现杏园高产、稳产、优质的目的。

杏园规划包括防风林营造，栽植小区划分，排灌系统设计。道路的修筑，果库、药池的安排。

我国北方冬春季西北风为害严重，因此，杏园西北面要宽设防风林，以免风和晚霜袭击。

杏园道路分主路和支路，主路要设在防风林一侧，支路设在小区中间。主路宽 7 米，能通过汽车，支路宽 4 米以上。排灌设施要自上而下，上有蓄水池，天旱了可以用水浇地。

建园以长方形栽植为好。我国地形复杂，丘陵、山坡地多，选择杏园要因地制宜，宜山则山，宜坡则坡，要按地势坡向修造梯田，整地建园。

1. 杏园规划

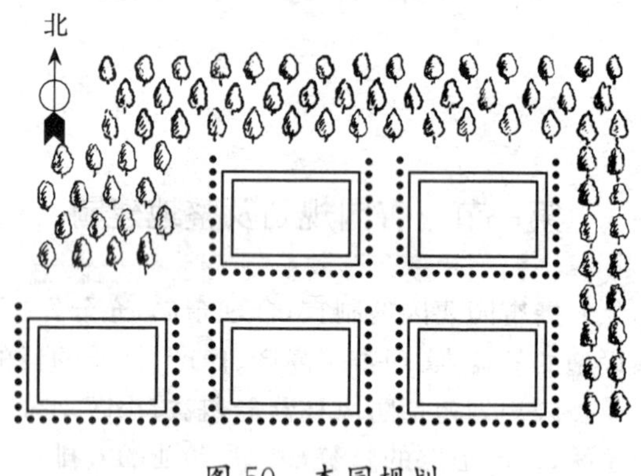

图 50　杏园规划

杏园建立第一例，规划设计要合理。
西北栽上防风林，二、三公顷一小区。
防风林侧设主路，主路宽度留 7 米。
支路设在小区内，小区中间最合理。
排灌系统设计好，果库药池有安排。

2. 杏园等高线测量

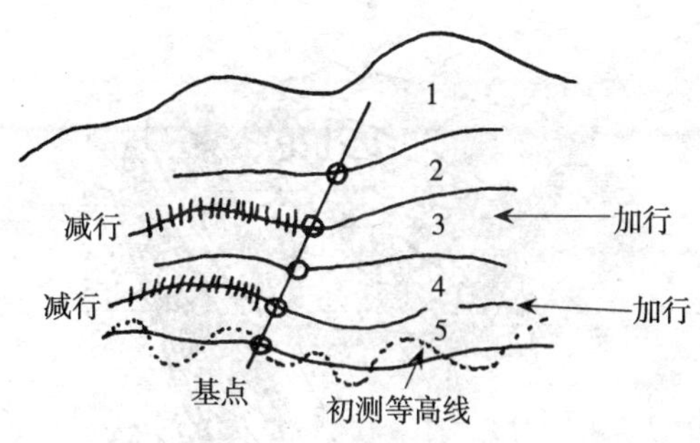

图 51　杏园等高线测量

杏园建立第二例，建园之前先测绘。
山区杏园修梯田，确定基点等高线。
再从基点四边测，缓坡宜宽陡宜窄。
陡坡堰高缓坡低，加行减行看宽窄。
宽够半行加半行，不够加行株距小。
梯田排水要考虑，坡降保持千分之三。

3. 修造梯田

图 52 修造梯田

1. 田面 2. 背沟 3. 蓄水坑 4. 护坡 5. 梯壁 6. 边坎

杏园建立第三例，修造梯田保水土。
梯田面宽有 3 米，土层厚度 1 米多。
里低外高中间平，石头磊堰不怕冲。
磊砌石堰先清基，地堰宽窄看高低。
缺石缓坡打土埂，土埂打好也坚固。

4. 复式梯田

图 53　复式梯田

杏园建立第四例，山地修造梯形田。
一条一阶台阶式，长短宽窄各不一。
能长则长短也行，宽就宽来窄就窄。
随坡造地地成块，以地栽树建成园。
但要掌握土层厚，生长结果有保障。

第二节 栽培方法

杏树栽培方法看园地而定。平原肥沃地按长方形、正方形栽植，可适当稀些，可5米×4米或4米×4米定植，这样能充分发挥土地优势，通风透光良好，杏园可高产、稳产。山坡旱地、梯田小冠密植形栽植。一般采用双行、带状栽植或先密后稀栽植。栽植密度大，能充分发挥矮化品种优势，达到早产多结的目的。

为使杏园通风透光良好，杏园要以南北为行，行距大于株距，可栽成5米×4米或4米×3米等。

杏园多数品种自花授粉能力低，在考虑主栽品种时，必须配制好授粉品种。以3∶1或4∶1为宜。也可隔株或隔行配制授粉树。适宜的授粉品种要与主栽品种有良好的亲和能力，花期长花粉多等优点。

定植坑要挖1米见方。上面表土放到左边，下面心土放到右边。表土加肥料，回填到坑底，心土翻到上面，便于风吹日晒，熟化土壤。

杏苗栽植深度要照苗木的原土痕栽。栽的太

浅了不抗旱，太深了不发苗。小苗栽植方法要推广“三埋、两踩、一提苗”的栽培方法。这些细小环节，对杏树以后的生长影响很大。栽植时要特别引起注意。

先密后稀栽培是以永久性株行距先栽好，再往里加临时株和行。这样能使临时树早结果，早丰产。后期永久树也能达到稳产、高产。

5. 栽植方式

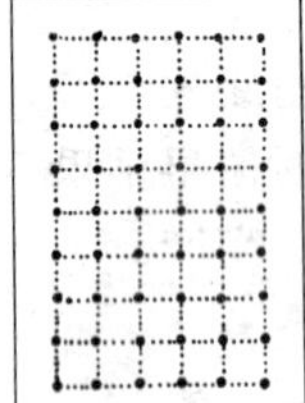
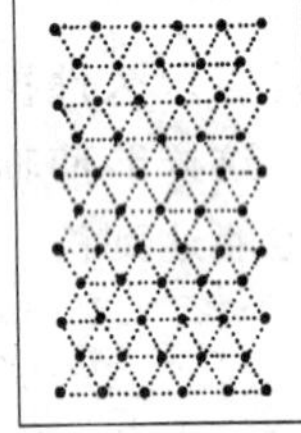

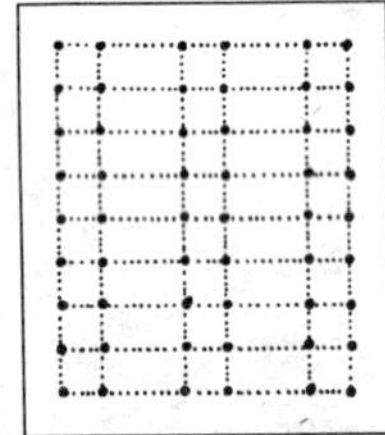
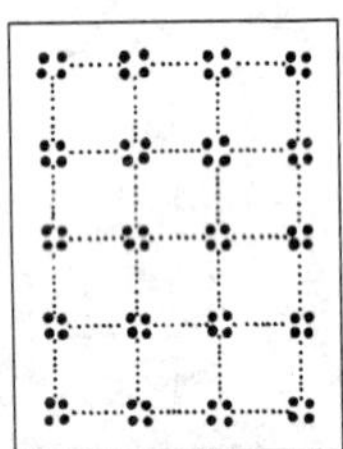

图 54　栽植方式

杏园建立第五例，栽植方法要合理。
正方长方三角形，宽行窄行丛状形。
生产上多用长方形，科学采光品质优。
平地沙地三角形，梯田行向要一致。
窄面梯田栽一行，宽面两行增株距。

6. 行向与株行距

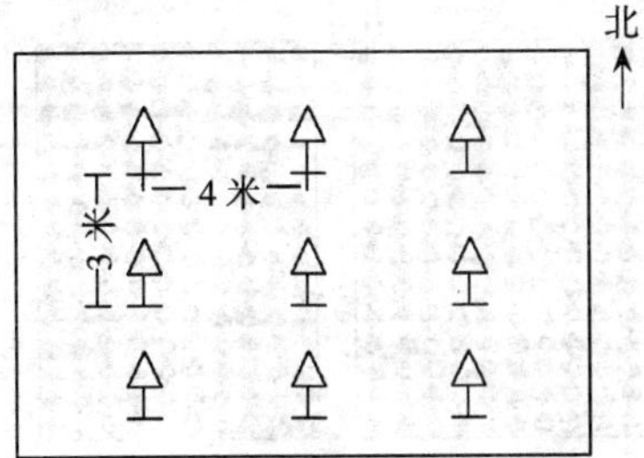

图 55　行向与株行距

杏园建立第六例，杏树宜栽南北行。
栽植密度要合理，株距要小行距大。
行距四至五米远，株距三米至四米。
梯田旱地要多栽，平坦肥地适当稀。

7. 配置授粉树

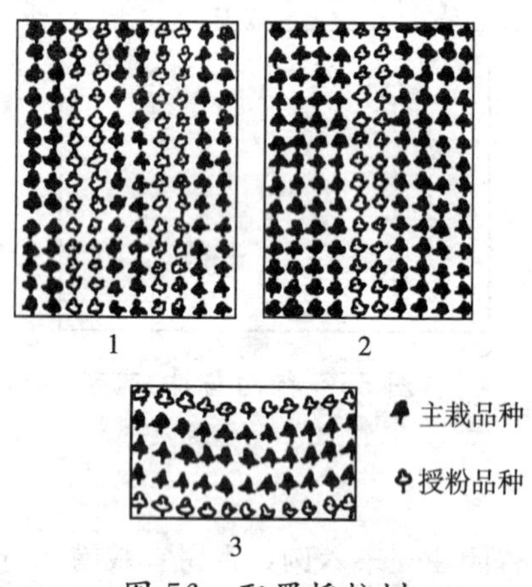

图 56　配置授粉树

杏园建立第七例，授粉品种要配置。
提高坐果保丰收，省工省力品质优。
主栽四行授粉一，隔行栽植或隔株。
授粉品种花期长，亲和力好花粉多。
金玉杏配串枝红，骆驼黄配红荷包。

8. 挖定植坑顺序

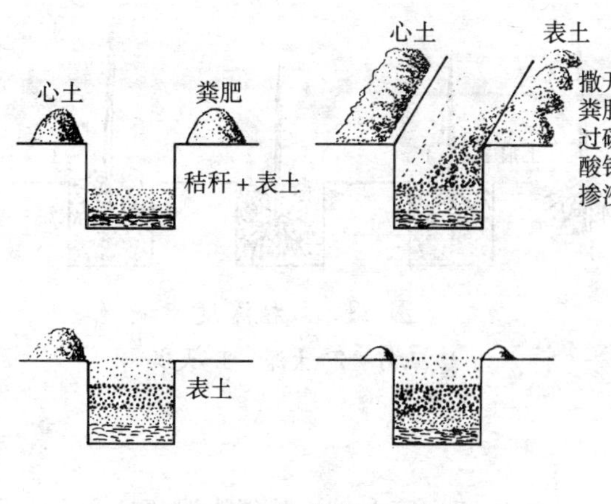

图 57 挖定植坑顺序

杏园建立第八例，栽植杏树先挖坑。
坑挖一米分两层，上层表土放左边。
下层心土放右边，上层表土加肥料。
要同肥料拌均匀，再把肥土回填坑。
心土翻上作树盘，填好灌水要沉实。

9. 栽植深度

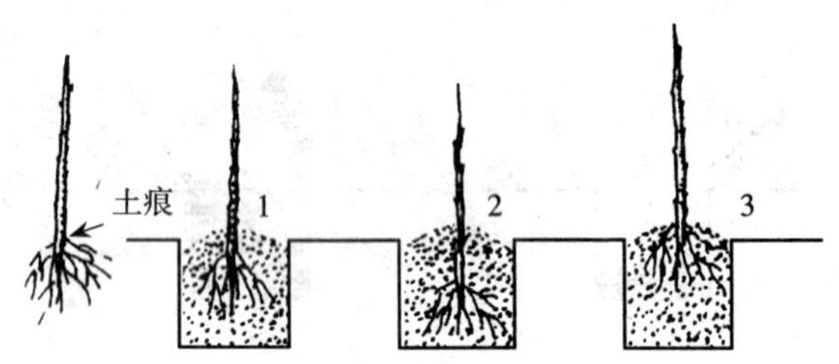

图 58 栽植深度

1. 正好 2. 太深 3. 太浅

杏园建立第九例，栽得深浅要注意。
栽得太浅不抗旱，栽得太深不发苗。
土埋深浅原土痕，浇水落后培细土。
冬季防寒埋土堆，春天解冻刨土堆。

10. 栽植方法

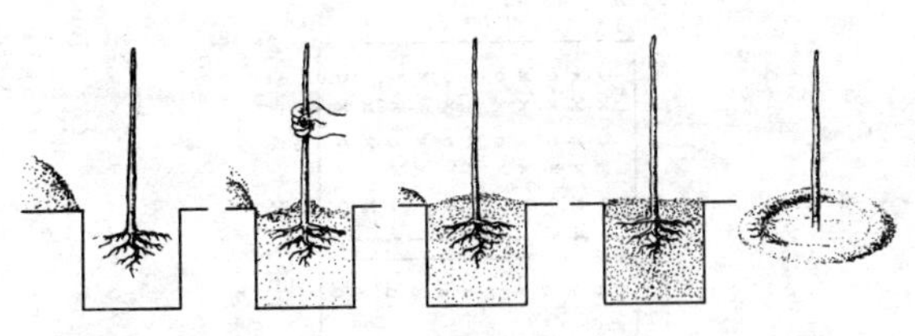

图 59 栽植方法

杏园建立第十例，栽植方法有讲究。
杏苗根系放坑里，位置放好埋上土。
埋土提苗脚踩实，再埋土来再踩实。
三埋两踩一提苗，最后埋土围树盘。
树盘围好再浇水，浇水浸后封细土。

11. 先密后稀栽植法

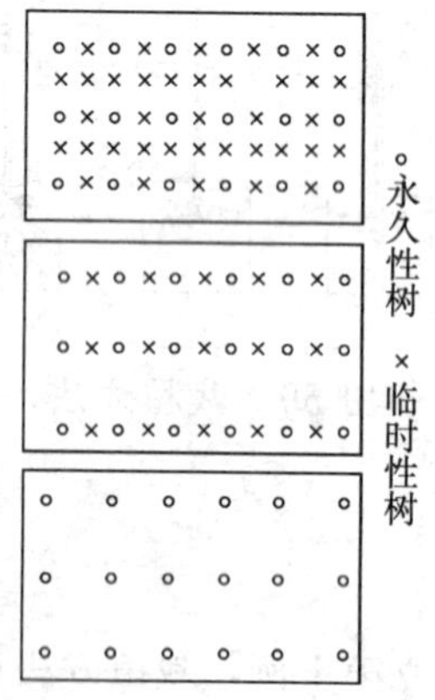

图 60　先密后稀栽植法

杏园建立十一例，计划密植早得利。
定植株数先要密，固定临时预先定。
临时先结三五年，刨掉临时留固定。
再过几年隔株刨，留下即为固定树。
先密后稀结果早，后期结果也不少。

第四章　杏园土、肥、水管理

第一节　土壤管理

杏树在生长发育过程中，通过根系不断地从土壤中吸收养分和水分，供给树体生长发育和结果的需要。所以在杏园管理中，必须创造有利于根系生长的土壤环境，增强根系的吸收能力，才能及时供给树体需要的养分和水分。因此，杏树要达到早结果、早丰产、稳产优质的目的，就必须加强杏园的土肥水管理，不断提高土壤肥力，为杏树根系生长和分布创造有利的条件。同时要进行合理耕作，改善土壤结构，增强根系的生长活力。保证树体的健壮生长，为早结果、早丰产打下良好基础。

杏树从土壤中吸收矿质元素和水分，通过枝

干木质部导管输送到叶部，再通过光照和空气中二氧化碳的光合作用，合成碳水化合物，再从韧皮部的筛管送到树体各部。一部分维持树体生命的活动，大部分供给杏树开花结果用。按照这个规律，人们可以有目的有计划地进行隔行深翻，熟化土壤，深翻树盘，改善根系周围营养含量，为根系吸收创造良好的条件。

近年来，杏树栽培中推广生物覆盖和地膜覆盖，这样减缓了树下温度和湿度的剧变，使地温稳定适宜，从而延长了吸收根的生长期，增加了树体养分的合成，减少了水分的蒸发和径流损失，提高了树体有机质含量，保水保肥能力加强。

夏季锄草，疏松土壤，以及除草剂的使用，有效地抑制了杏园杂草生长，减少了管理用工，可防止土壤受雨水的冲刷，水土保持效果良好。

1. 杏树根系构造

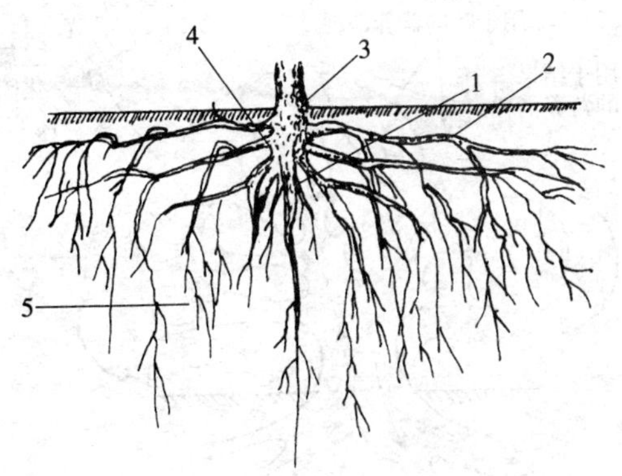

图 61　杏树根系构造

1. 主根（垂直根）　2. 水平根　3. 根颈

4. 侧根　5. 毛细根

土壤管理第一例，杏树根系各有名。
往下直长叫主根，固定树体贮养分。
四面生长叫侧根，向外生长生长根。
根系外围毛细根，靠它吸收水和肥。

2. 杏树营养输送

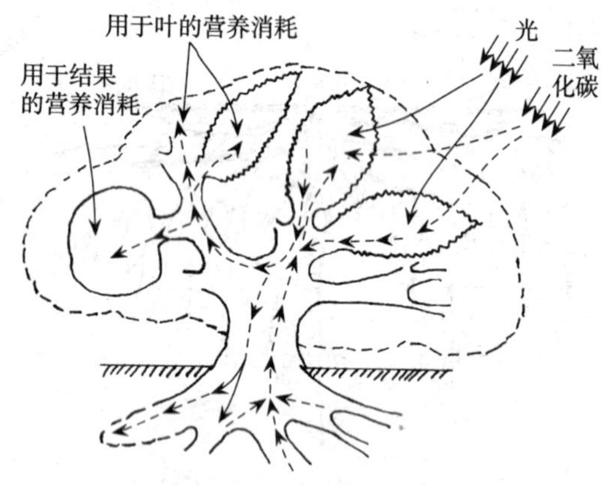

图 62 杏树营养输送

土壤管理第二例，营养转化有规律。
根从土中吸营养，砂质元素和水分。
通过枝干木质部，输送树上到叶部。
光合作用物转化，合成碳水化合物。
通过韧皮向下运，分送树体各部中。
部分维持树生命，大部供给结果用。

3. 杏树根系年周期生长

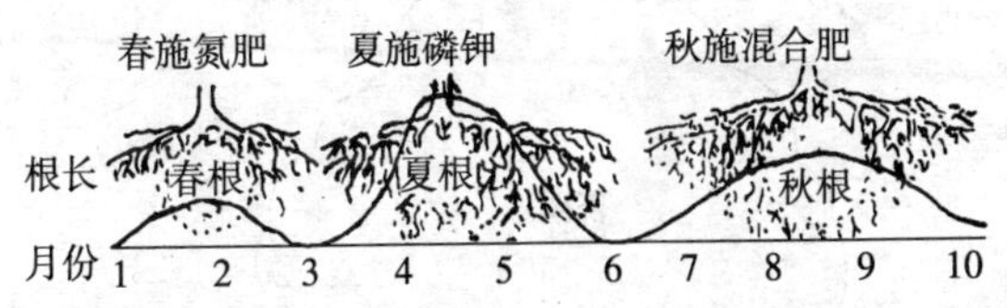

图 63　杏树根系年周期生长

土壤管理第三例，杏树根长有规律。
土壤解冻萌芽前，三至四月根系长。
初秋温度较正常，杏树根长二高峰。
一年根长两高峰，地上地下交错生。
根长高峰施肥水，有利吸收和应用。

4. 扩　　穴

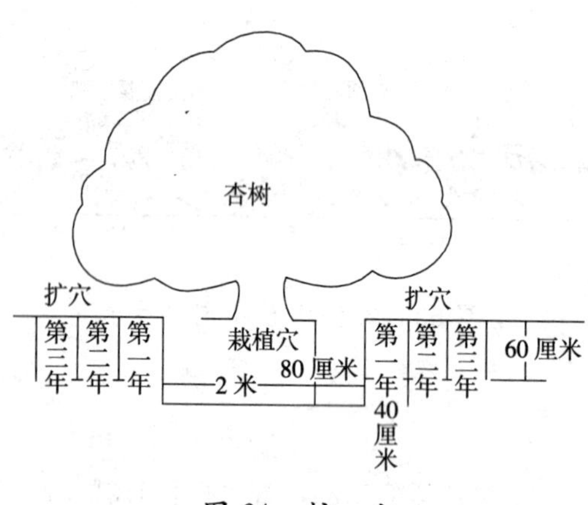

图 64　扩　穴

土壤管理第四例，树下管理要扩穴。
上年栽树一米宽，下年树下需扩穴。
每年向外扩 40 厘米，三至四年全园扩。
扩穴并施有机肥，土肥拌均再浇水。
扩穴深翻活土层，保水保肥促根长。

5. 隔行深翻

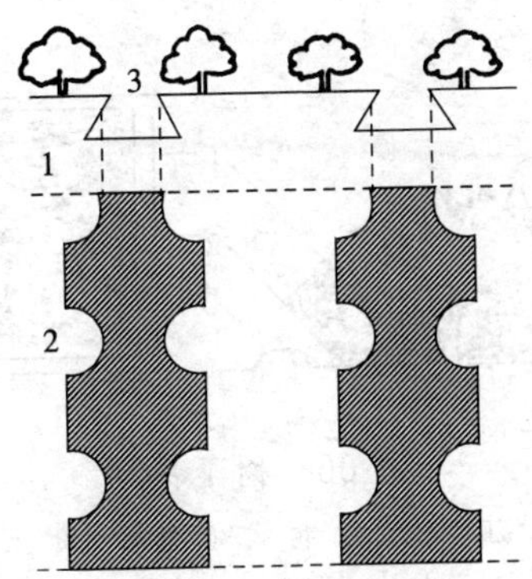

图 65　隔行深翻

土壤管理第五例，改良土壤隔行翻。
今年深翻这一行，明年再翻另一行。
全园分成两次翻，隔一翻一两年完。
深翻深度 60 厘米，深翻宽度二至三米。

6. 树下覆草

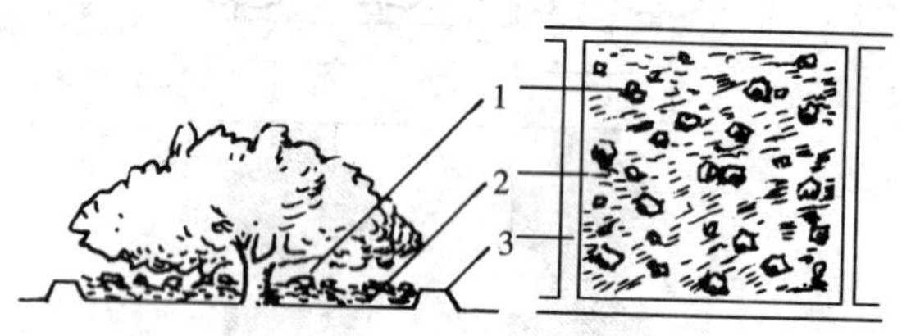

图 66　树下覆草

1. 压草土　2. 覆草 30 厘米　3. 土埂

土壤管理第六例，杏园树下盖秸秆。
麦秸豆秸切铡碎，覆盖厚度 30 厘米。
保温保湿保肥水，根系生长很有利。
春盖秋压作肥料，旱地杏园很需要。

7. 覆盖地膜

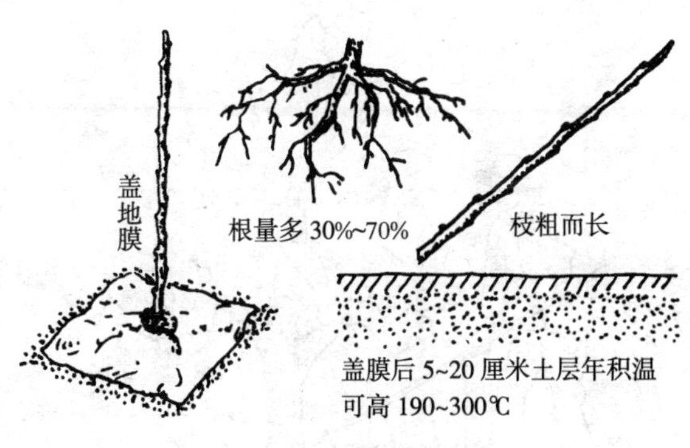

图 67　覆盖地膜

土壤管理第七例，杏树覆盖地膜好。
地膜覆盖在早春，覆盖面积超树冠。
地膜四面土压边，提高地温和保墒。
抑制杂草再生长，促进杏树多发根。

8. 中耕锄草

图 68 中耕锄草

土壤管理第八例，中耕除草要及时。
杏园雨后地板结，春季锄草保墒情。
提高土壤温湿度，需要深锄十厘米。
五至七月新根长，中耕松土不能深。
深了杏树要伤根，八至九月二高峰。
结合施肥搞中耕，中耕可以适当深。

9. 除草剂的使用

图69　除草剂的使用

土壤管理第九例，杏园使用除草剂。
夏季除草太费工，不如使用除草剂。
杏园多用除草醚，一公顷用4 500克。
杂草展叶草上喷，菅草灌木加倍喷。
谨防喷到树叶上，喷过下雨再补喷。

第二节 施　肥

杏园施肥可以不断地补充杏树生长所需的消耗，调节营养元素之间的平衡。在土、肥、水、气、热、微生物六大元素中，肥发挥着重要作用，特别是干旱地区。杏园可以肥调水、改土、增热等。

杏园施肥，基肥宜早，追肥要及时。基肥以有机肥（农家肥）、磷钾肥为主，补充树体内的营养元素。最好在果实采收后及早施入，施肥量要以 1 千克果用 1 千克肥为宜。追肥可在花前花后、果实膨大期追施。补充微量元素及大量元素，以氮肥速效化肥为主，可防止杏树缺素症状，并能够满足杏树各个时期对肥料的急需，促进光合作用，增进果实品质。

施肥方法多种多样：多采用环状、放射状、条状、穴状施肥。基肥要深施，同深翻扩穴结合进行，也可种绿肥，增加土壤有机质。改善土壤理化性状。追肥要浅，多在生长季节进行，便于树体吸收。有些化肥（包括微肥），采用叶面喷肥，效果也很好，可以充分发挥肥效作用。

1. 杏树需要元素顺序

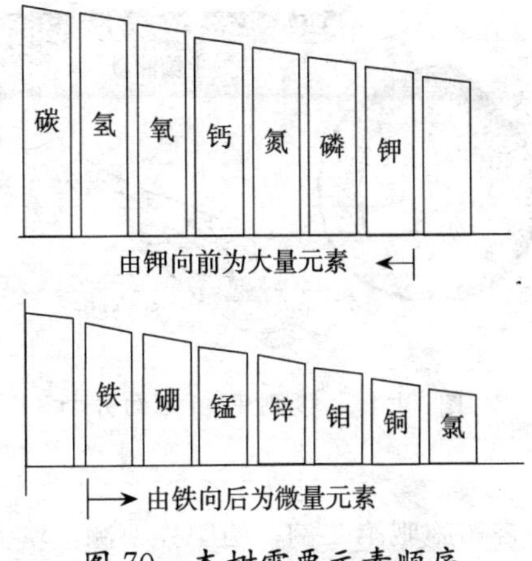

图 70　杏树需要元素顺序

杏树施肥第一例，施肥多少有依据。
杏树需要什么肥，依据元素排顺序。
碳氢氧钙氮磷钾，大量元素不能缺。
铁硼锰锌钼铜氯，微量元素适量施。
依照树势施肥料，需要多少施多少。

2. 土壤测定和叶面分析

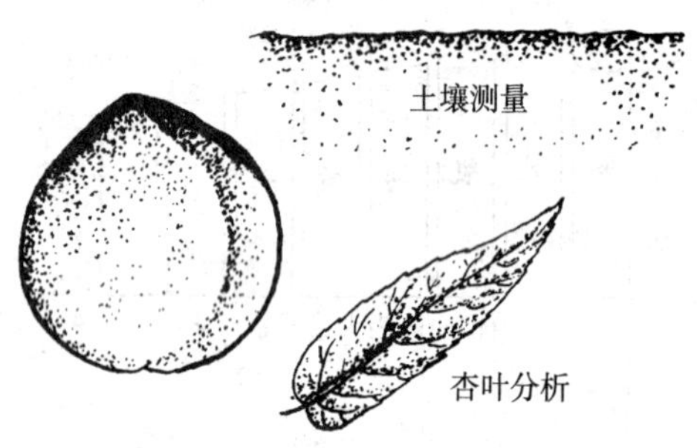

图 71　土壤测定和叶面分析

杏树施肥第二例，施肥先要测土壤。
杏园取土去化验，元素含量分析清。
杏叶上中下取样，化验分析叶含量。
依据土叶含量数，分析计算元素量。
配方施肥按比例，需啥元素就配啥。

3. 杏树需要氮素肥

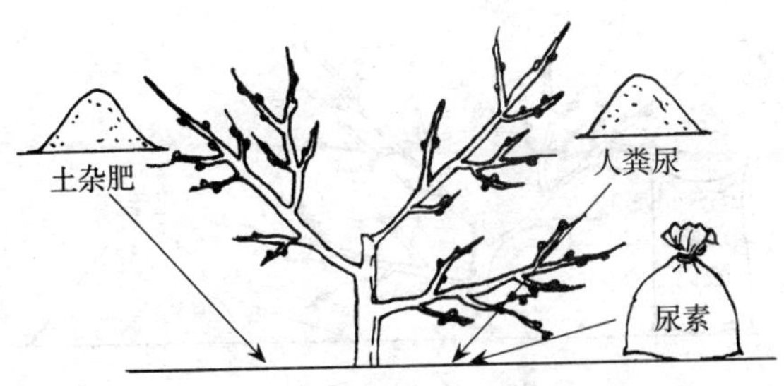

图 72　杏树需要氮素肥

杏树施肥第三例，杏树需要氮素肥。
有机肥料人粪尿，氮素含量比较高。
尿素氨水化学肥，氮素含量都很高。
氮素肥料作追肥，施后促长很明显。
基肥氮磷钾配施，果实采收后施入。

4. 杏树需要施磷肥

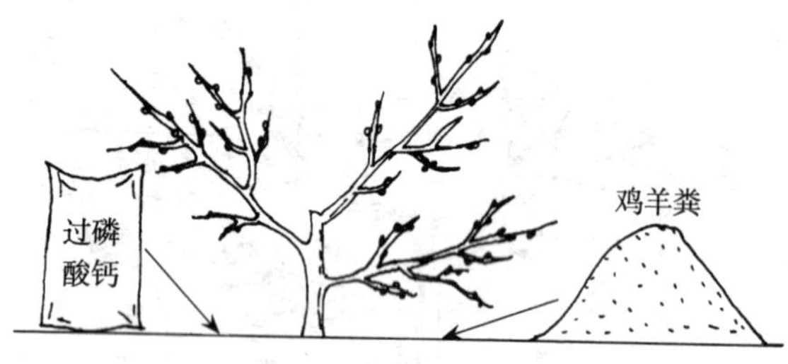

图 73　杏树需要施磷肥

杏树施肥第四例，杏树需要施磷肥。
羊粪鸡粪含磷多，果实采收后施入。
化肥磷酸二氢钾，过磷酸钙磷酸铵。
钙镁磷肥磷矿粉，都是含磷多肥料。
杏树适当施磷肥，有利花芽的分化。
磷肥多为长效肥，秋季用作基肥施。

5. 杏树需要施钾肥

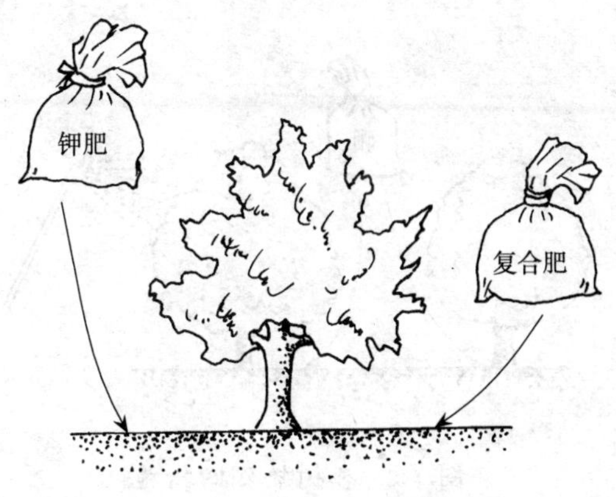

图 74　杏树需要施钾肥

杏树施肥第五例，杏树需要施钾肥。
钾肥施入杏树下，激发酶的活化性。
促进花芽的形成，促使合成蛋白质。
缺钾杏叶淡而小，皱缩卷曲易脱落。
新梢细短果实小，落花落果产量低。

6. 杏树缺硼四措施

图 75　杏树缺硼四措施

杏树施肥第六例，杏树需要硼元素。
花前喷硼促花芽，有利花粉粒发芽。
杏树缺硼四措施，一是多施有机肥。
二是合理多浇水，三是树下可施硼。
四是花期可喷硼，硼加尿素效果佳。

7. 杏树缺锌元素

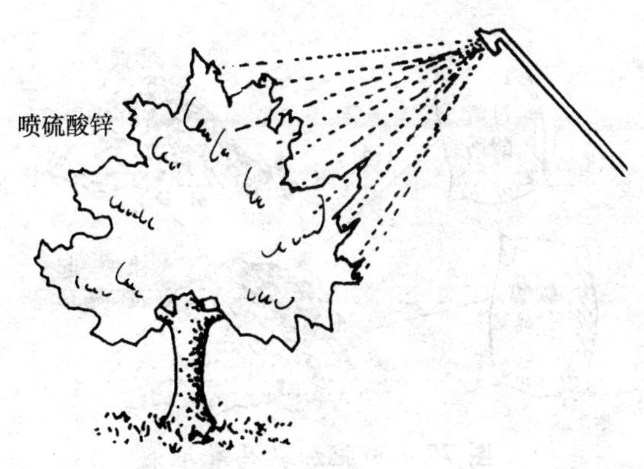

图 76　杏树缺锌元素

杏树施肥第七例，杏树需要锌元素。
微量元素硫酸锌，主要参与酶形成。
缺锌叶小新梢短，造成树冠外簇状。
芽前要喷硫酸锌，浓度要稀为 0.5%。
树下可施硫酸锌，每株施用 100 克。

8. 磷肥加骡马粪堆沤

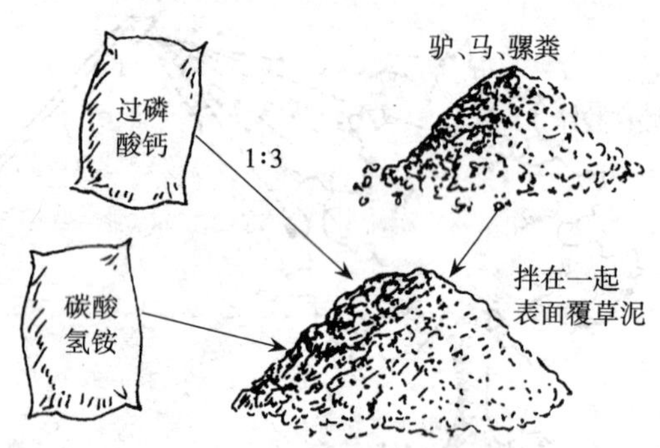

图 77　磷肥加骡马粪堆沤

杏树施肥第八例，过磷酸钙施肥法。
过磷酸钙加碳铵，再同杂肥拌一起。
八份磷肥两份碳，掺在骡马粪里面。
拌均和好堆成堆，外面盖上一层泥。
若是夏天闷一周，冬春两周再使用。

9. 科学施用人粪尿

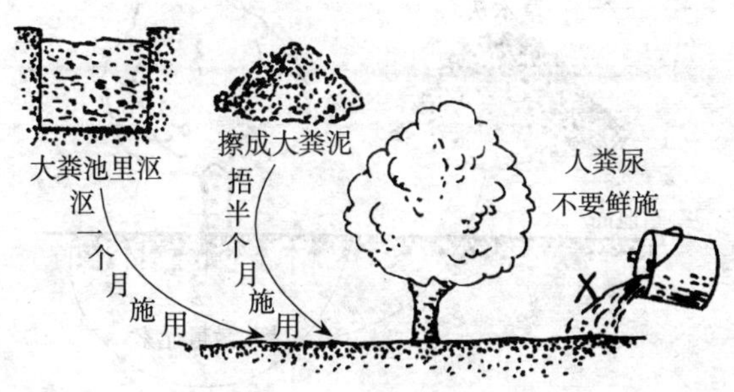

图 78　科学施用人粪尿

杏树施肥第九例，人粪尿肥科学施。
加入三至五倍水，沤上一月腐熟施。
也可加入五倍泥，粪泥掺和堆成堆。
沤上半月再使用，不能鲜施人粪尿。

10. 草木灰施肥方法

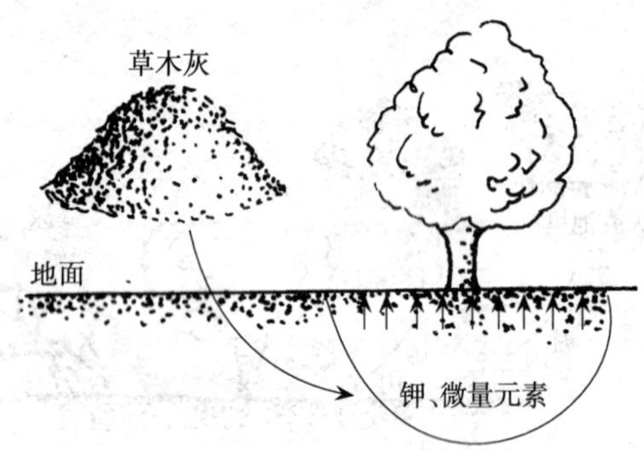

图 79　草木灰施肥方法

杏树施肥第十例，正确施用草木灰。
草木灰中含钾多，也含磷钙硫硼镁。
不能掺和人粪尿，粪灰掺和肥效差。
钾肥下渗都跑掉，不如单施效果好。
草木灰水浸出液，叶面喷雾长得好。

11. 速 效 肥

肥料性质——速效肥

肥料名称	肥效时间（%）			开始发挥肥效时间（天）
	第一年	第二年	第三年	
氨水	100	0	0	5～7
碳酸氢铵	100	0	0	5～10
尿素	100	0	0	7～8
人畜尿	100	0	0	5～10
人粪	75	15	10	10～15

杏树施肥十一例，肥分速效迟效肥。
碳酸氢铵和尿素，氨水硝铵人粪尿。
这些都是速效肥，容易挥发要深施。
施前挖沟施后埋，不能挥发跑掉味。
杏树栽培作追肥，施后结合浇透水。

12. 迟效肥

肥料性质——迟效肥

肥料名称	肥效时间（%）			开始发挥肥效时间（天）
	第一年	第二年	第三年	
圈　粪	34	33	33	12～15
土　粪	65	25	10	15～20
猪羊粪	45	35	20	15～20
鸡　粪	65	25	10	10～15
牛　粪	25	40	35	15～20
马　粪	40	35	25	15～20
炕　土	70	15	15	12～15
过磷酸钙	45	35	20	10～15

杏树施肥十二例，肥分速效迟效肥。
猪鸡牛羊骡马粪，还有秸秆土杂肥。
这些都是有机肥，用作基肥采前施。
还有化肥磷钾肥，早施深施集中施。
这些都是迟效肥，肥效虽迟常发挥。

13. 叶面施肥

杏树叶面喷肥浓度（%）

肥类种类	溶液浓度（%）	肥料种类	溶液浓度(%)
尿　素	0.2～0.3	硫酸锌	0.3～0.4
磷酸二氢钾	0.2～0.3	硼酸或硼砂	0.2
过磷酸钙浸出液	1.0～2.0	硫酸镁	0.2
草木灰浸出液	1.0～2.0	硫酸亚铁	0.2
硫酸钾	0.2～0.3	尿素铁	0.3～0.4
植物健生素（金邦1号）	500～750倍液	硫酸锰	0.1～0.2
植物健生素碧泉	500～750倍液	喷施宝	1 000～1 200倍液

杏树施肥十三例，叶面喷肥根外施。
喷前配好肥液水，稀释浓度三百倍。
肥液喷到叶面上，时间阴天或傍晚。
尿素硫酸二氢钾，硫酸铜和氯化钾。
微肥稀土铁钙铜，都能稀释树上喷。

14. 按树龄施肥

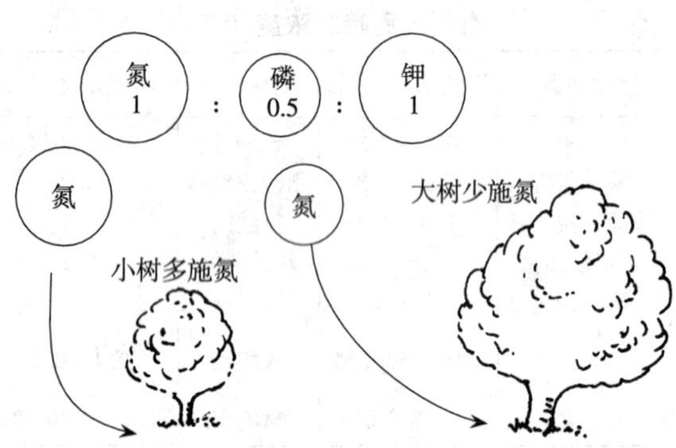

图 80　按树龄施肥

杏树施肥十四例，按树大小树龄施。
小树生长发育快，需要多施氮素肥。
盛果期树结果多，多施磷钾成花多。
杏树施肥按比例，大树小树分别施。
配方施肥好处多，氮 1 磷 0.5 钾是 1。

15. 放射状施肥

图 81　放射状施肥

杏树施肥十五例，放射状施肥方法。
按照树冠投影大，冠周垂直把沟挖。
里窄外宽放射状，里浅外深 60 厘米。
施肥时间采收前，正是根系需要肥。
采前多施有机肥，氮磷钾肥按比例。

16. 条状施肥

图 82　条状施肥

杏树施肥十六例，杏树条状施肥法。
依照树冠投影大，根部以外挖条沟。
肥土拌和沟内施，一株大约 50 千克。
肥和表土搅拌均，施入沟内再封土。

17. 环状施肥

图 83 环状施肥

杏树施肥十七例，杏树环状施肥法。
树冠外围挖环沟，沟挖五十厘米深。
沟宽三四十厘米，按照产量定肥量。
千克果千克农家肥，氮磷钾肥适当施。
早施基肥采前施，施后及时浇灌水。

18. 穴状施肥

图 84 穴状施肥

杏树施肥十八例，杏树施肥穴状施。
依照树冠垂直下，挖出小坑十几穴。
穴深二十厘米大，穴宽十五厘米。
肥料均匀施入穴，穴施农家肥 250 克。
适当掺入磷钾肥，施入浇水后封土。

19. 杏园种绿肥

主要绿肥养分含量

种 类	鲜草（%）			干草（%）		
	全氮	全磷	全钾	全氮	全磷	全钾
苜蓿	0.72	0.16	0.45	2.30	0.23	1.23
豌豆	0.51	0.15	0.52	2.76	0.82	2.81
苕子	0.50	0.13	0.42	3.12	0.83	2.60
田菁	0.52	0.07	0.15	2.60	0.54	1.68
草木樨	0.52	0.04	0.19	2.82	0.92	2.42
紫穗槐	1.32	0.36	0.79	3.36	0.76	2.01
红三叶草				2.34	0.53	2.37

杏树施肥十九例，杏园种草压绿肥。
山坡旱地建杏园，土地瘠薄生长慢。
初栽幼树行距大，行距间作种绿肥。
苕菁蚕豆沙打旺，紫花苜蓿草木犀。
绿叶盖地保墒情，保持水土不流失。

20. 各种化肥有效成分

各种化学肥料的有效成分及性状

名 称	养分含量	理化性质	使用说明
尿素	含 N46.7%	微酸性，水溶	叶喷，土施均可
硝酸铵	含 N31%左右	酸性，水溶	叶喷，土施均可
磷酸二铵	含 $P_2O_5$53%，N21.2%	中性，水溶	叶喷，土施均可
过磷酸钙	含 $P_2O_5$16%～18%	酸性，水溶	有吸湿性和腐蚀性
磷酸二氢钾	含 $P_2O_5$24%，K_2O 27%	微碱性，水溶	多作叶面追肥用
硫酸钾	含 K_2O 48%～52%	中性，水溶	叶喷，土施均可
氯化钾	含 K_2O 50%～60%	中性，水溶	土施时间长期积累 Cl 危害根系
N、P、K 三元素复合肥	含 N15%，$P_2O_5$15% K_2O15%	有效成分水溶	宜土施
钙、镁、磷	含 $P_2O_5$14%～18%	难溶	宜土施作基肥

杏树施肥二十例，施用化肥看成分。
尿素硝酸铵二铵，含氮量多微酸性。
可在树下根部施，也可喷施在叶面。
磷酸二氢钾硫酸钾，水溶中性可喷施。
钙镁磷肥复合肥，宜作基肥根部施。

第三节　灌水、排水与间作

杏园灌水应根据杏树年周期生长发育进行。春天，杏树萌芽展叶、开花抽枝需要大量水分。这段时间降雨少，土壤含水量少，因此，春天要浇好花前、花后，果实膨大期三次水。

夏末秋初，杏果采收后，杏树有一个根系生长高峰期。这个时期浇水对促进根系生长、增强根系对肥料的吸收、增加树体营养贮藏有显著作用。

初冬要浇好封冻水，满足杏树休眠期用水。一年中其他时间用水，要根据土壤含水量灵活掌握。要按“促，控，促”的规律浇水。即春天促花、促果、促生长，要浇水。夏季花芽分化要控水，秋后营养贮藏要浇水。

浇水的方法有畦灌、喷灌、盘灌、滴灌、旱地束草穴灌等方法。

喷灌、滴灌，是现代化杏园机械化灌水方法。既有利于杏树生长结果，又能节约用水，应大力推广应用。

有些山区杏园浇水困难，果农采用树下挖穴

束草把，再往草把上浇水。上面再盖上地膜，保水保肥效果也很好。

雨季，杏园易积水。积水多了要烂树根，一定要注意雨季杏园排水。

初建杏园，幼树不结果，可以适当间作一些低干作物，也能增加一些收入。

1. 杏树需要水

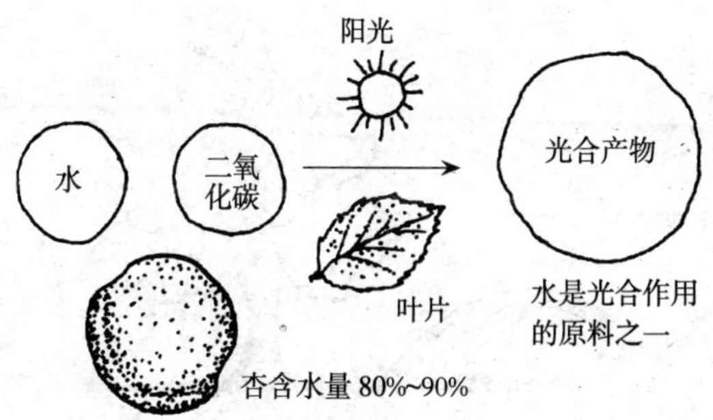

图 85　杏树需要水

杏树灌水第一例，根茎叶果都需水。
水在树体各部位，树体各部都需水。
枝叶根含水 50%，杏果含水约 80%。
水是光合作用的原料，杏树生长离不开水。

2. 杏园持水量

图 86 杏园持水量

杏树灌水第二例，杏树结果需要水。
杏园需水多与少，要测杏园持水量。
持水量 70％正适宜，60％以下要灌水。
杏园太湿也不好，含水量 90％要排水。

3. 杏树年周期用水

图 87　杏树年周期用水

杏树灌水第三例，杏园灌水有规律。
春天灌好两次水，早春花前花后水。
五月需浇硬核水，果实膨大要灌水。
杏果成熟采收后，入冬以后封冻水。
灌水规律促控促，春秋灌水夏控水。

4. 杏园畦灌

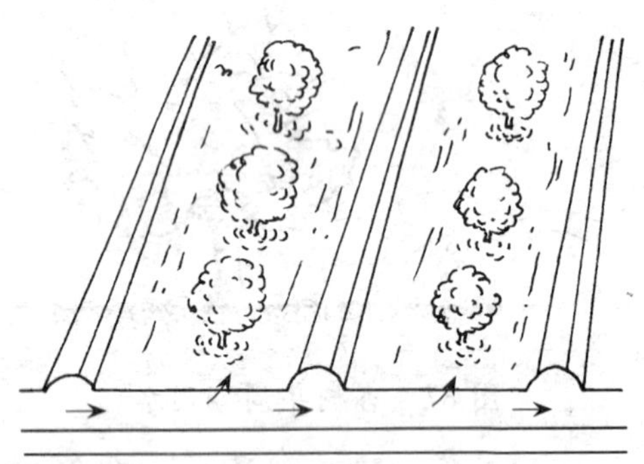

图 88　杏园畦灌

杏树灌水第四例，杏园水地用畦灌。
将树按行分成畦，一行一畦分畦灌。
内行依畦搂畦埂，外行打成硬埂边。
水要灌透不漫边，水土保持防冲刷。

5. 喷　灌

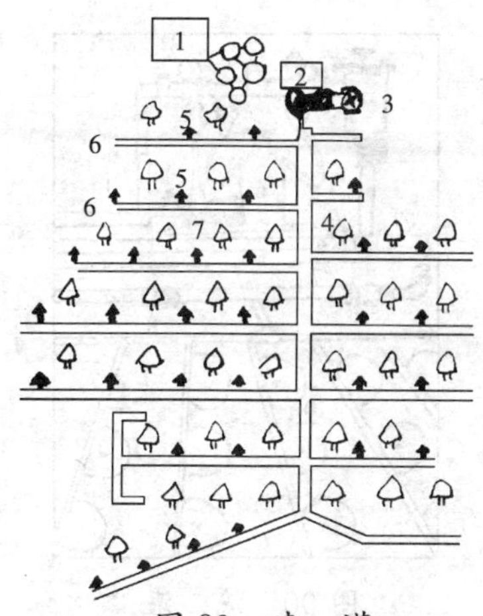

图 89　喷　灌

1. 水塔　2. 动力　3. 喷雾器　4. 立水管　5. 支管　6. 喷头　7. 桃树带

杏树灌水第五例，杏园喷灌好处多。
喷灌装置规划好，先把水管埋地下。
上有水塔压下水，下分主管和支管。
树间按有小喷头，高压喷雾动力带。
喷雾均匀水分多，调节温度和湿度。

6. 滴　灌

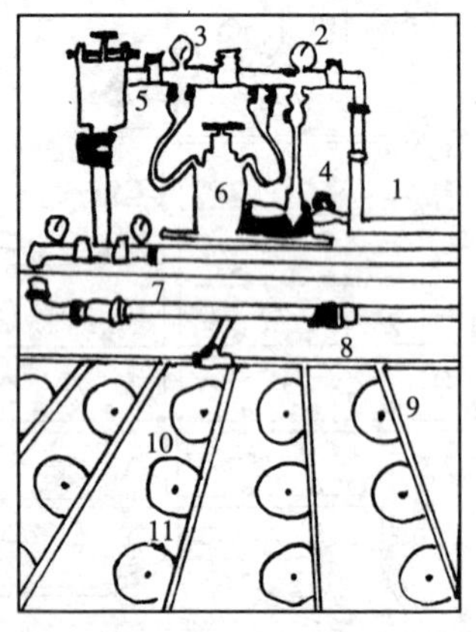

图 90　滴　灌

1. 水源　2. 压力调节　3. 流量　4. 水泵　5. 过滤器
6. 混合罐　7. 干管　8. 支管　9. 毛管　10、11. 滴头

杏树灌水第六例，杏园滴灌很省水。
水管埋至杏树下，滴头滴水渗土壤。
大量节水要推广，土壤结构不影响。
节约土地省劳力，增产显著果实大。
干旱缺水沙壤地，采用滴灌好措施。

7. 杏园排水

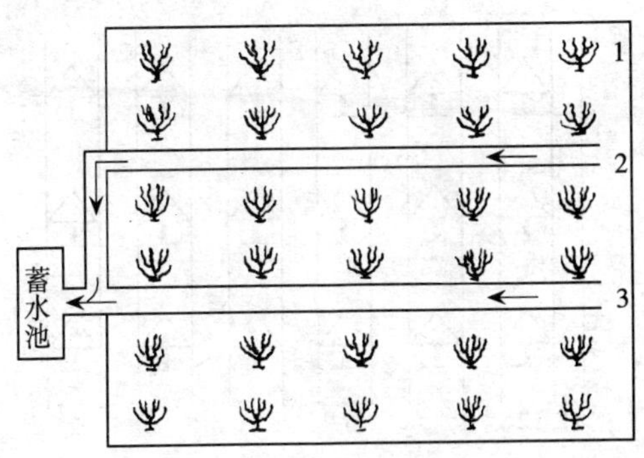

图91 杏园排水

1. 树行 2. 水渠 3. 排水口

杏树灌水第七例，杏园不能有积水。
雨季杏园有积水，积水多了杏树死。
排水蓄水要安排，干旱山区早计划。
杏园两侧蓄水池，雨季把水排池里。
天旱用池水浇地，把水浇到杏树地。

8. 杏树间作

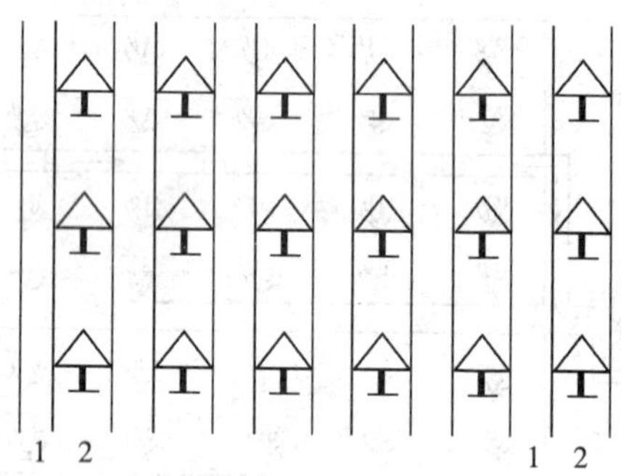

图 92　杏树间作

1. 间作带　2. 杏树

杏树灌水第八例，杏园适当可间作。
不种高秆种低秆，不种小麦种油菜。
不种秋菜种豆科，不种树苗种绿肥。
做到四种四不种，间作隔离留树带。
杏树带留一米宽，树冠直径为带宽。

第五章　花果管理

杏园的收入高低，取决于杏树的产量和质量。杏园产量是由上年杏园花果管理形成的。所谓花果管理，就是直接作用于花果上的技术措施。在生产实践中主要包括促进成花、人工授粉、疏花疏果、防止落花落果、提高果品质量和提高果品的商品价值等项内容。

第一节　促花、保花、疏花

杏树辅养枝环刻，能有效地促进杏树早成花、早结果。夏季徒长枝、直立枝扭梢，能抑制新梢徒长，促发短枝，早成花早结果。

杏树花期遇到干旱天气，容易引起落花落果。在灌好花前花后水的情况下，花期喷硼有利于花粉发芽和受精。硼肥有硼酸和硼砂两种，喷的浓度为0.2％～0.3％。

人工授粉是确保杏树坐果率、提高杏树产量的重要手段。人工授粉，首先要采集有亲和力的花粉，进行人工点授。点授时间上午 10 时最好。也可采用插花授粉、引蜂授粉、振打花枝、鸡毛弹子授粉等多种授粉方式。

杏树落花后期，喷 0.2%磷酸二氢钾肥，也可提高坐果率。杏树短果枝、花束状果枝成花多，要在花蕾期适当疏除一部分花蕾。花期再少疏一部分花。要疏弱花、瘦小花、梢头花，节约营养，促进果实增大果个。

1. 杏树花器构造

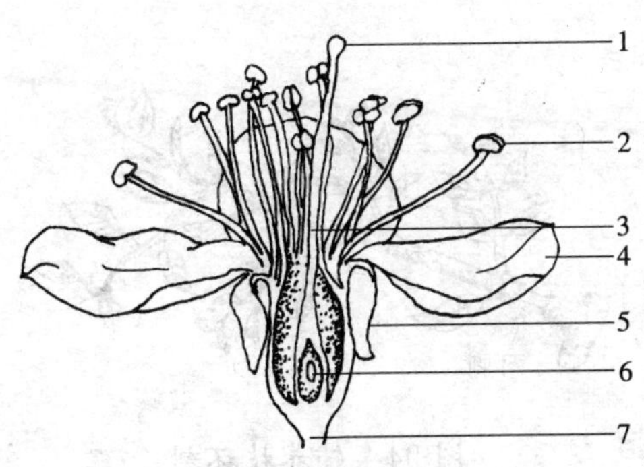

图 93　杏花纵剖面

1. 雌蕊柱头　2. 雄蕊　3. 花柱　4. 花瓣
5. 萼片　6. 子房　7. 花柄

花果管理第一例，杏树花器的构造。
萼片花瓣和花丝，花柱柱头上花药。
花托子房上胚珠，形成杏树花器官。
杏树果实结的大，全靠花器授粉佳。

2. 辅养枝环刻

图 94　辅养枝环刻

花果管理第二例，促花环刻辅养枝。
辅养枝强不结果，目伤环刻促成花。
有机营养阻下运，促进花芽早形成。
刻后半月伤愈合，加强肥水裹薄膜。

3. 直立枝扭梢

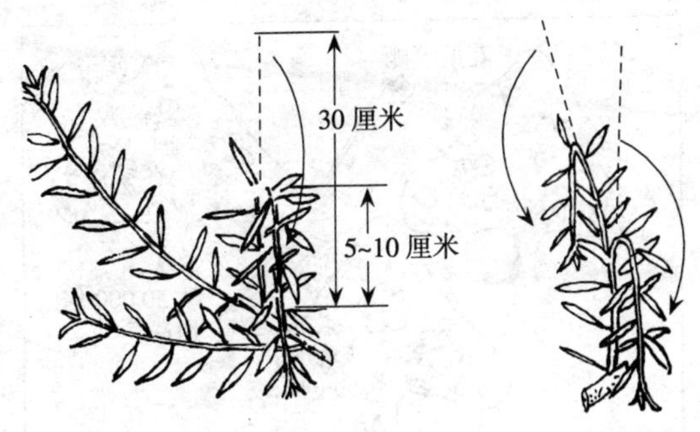

图 95　直立枝扭梢　　　　　　连续扭梢

花果管理第三例，直立枝扭梢促成花。
新梢长到八九叶，六、七叶处扭半圈。
枝条扭弯不折断，把梢扭成头朝下。
直立徒长都要扭，时间应在四五月。
既控旺长又成花，形成花芽早结果。

4. 花期喷硼

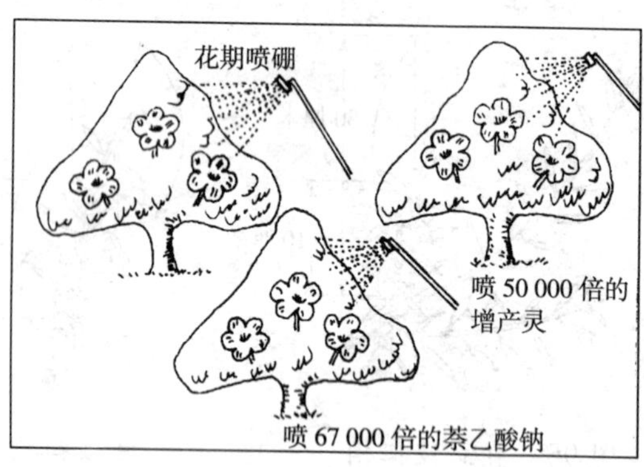

图 96　花期喷硼

花果管理第四例，花期喷硼好处多。
天气干旱缺雨水，花前要浇保花水。
花期喷硼加尿素，配比浓度为 0.2%。
有利花粉多发芽，促进花芽多受精。

5. 人工授粉

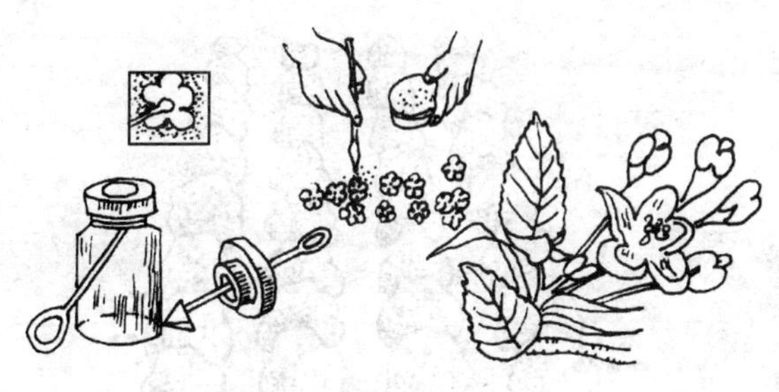

图 97　人工授粉

花果管理第五例，人工授粉坐果多。
先把花粉采集好，上午 10 时授粉佳。
应用毛笔橡皮头，蘸上花粉点花柱。
方便省工可喷洒，喷洒花粉水悬液。
喷粉授粉也很佳，刮风下雨要多加。

6. 蜜蜂授粉

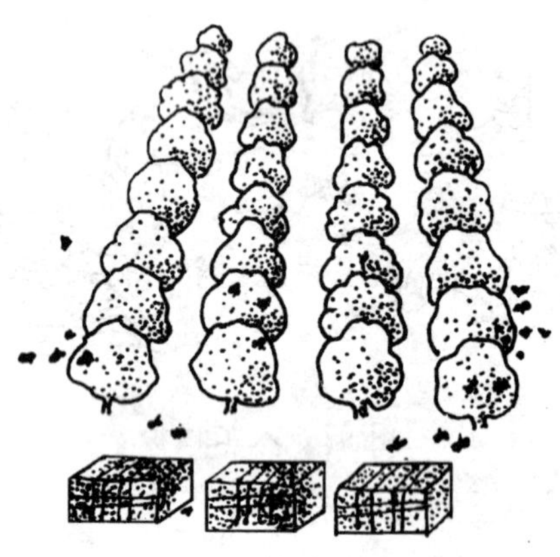

图 98　蜜蜂授粉

花果管理第六例，引蜂授粉效果好。
杏树花期满树花，自花不育结果差。
蜜水糖水喷树上，引诱蜜蜂来采蜜。
蜜蜂采蜜花花采，采蜜授粉效果佳。

7. 高接授粉品种

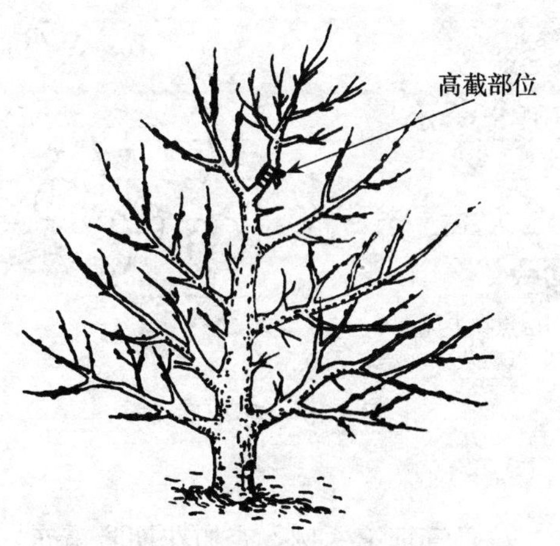

图 99　高接授粉品种

花果管理第七例，高接授粉好品种。
主栽品种结果差，授粉品种配的少。
要想杏树多结果，杏树上部要高接。
高接授粉好品种，花期一致结果多。

8. 花期防霜

图 100　花期防霜

花果管理第八例，杏树花期防霜冻。
早春气温不稳定，杏树花芽开花早。
寒流来临气温低，杏树花开怕冻花。
杏园要积柴草堆，预防晚霜冻杏花。
寒流来临点柴草，浓烟滚滚防霜冻。

9. 杏树疏花先疏蕾

图 101　杏树疏花先疏蕾

花果管理第九例，杏树疏花先疏蕾。
杏树短枝易成花，花束状枝花更多。
花多枝短成果少，不如早疏节营养。
花芽显花花蕾期，疏下留上去花蕾。
早疏花蕾早定花，营养充足结果大。

10. 杏树疏花三步疏

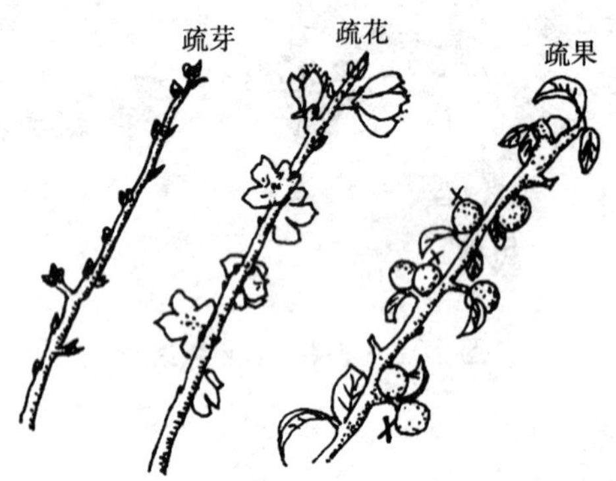

图 102　杏树疏花三步疏

花果管理第十例，杏树疏花三步疏。
早春花芽萌芽时，先疏一部分花蕾。
花蕾萌动开了花，再疏一部分杏花。
杏花结成小果实，看果留量再疏果。
杏树疏花三步疏，三步疏花产量稳。

第二节　保果、疏果，提高果品质量

杏树果实品质的优劣，表现在果实的外观上，主要看果实的大小、色泽、光泽、形状等性状。表现在果实内部肉质上，以果皮厚薄、风味浓淡、果汁多少及糖酸含量等为主要依据。每个品种都有其特定的果形、果个。果个大、果形美观，市场竞争力强，售价高。因此，在栽培时要选择优良品种，加强管理，提高果品质量。

疏果是在确保坐果率的前提下，对坐果多的树，通过调整杏果数量，使杏树负载量适宜，布局合理的一项技术措施。对于杏树高产、优质、增大果个、提高果品的商品价值，有着显著的作用。

11. 杏果实构造

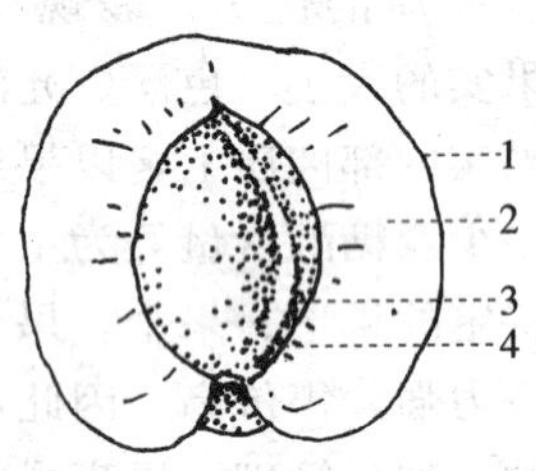

图103　杏果实构造

1. 外果皮　2. 中果皮

3. 内果皮　4. 果核

花果管理十一例，杏树果实的构造。
果实圆形心脏形，长椭圆形倒卵形。
果皮果肉和果核，种皮子叶萼果柄。
构成杏树果实体，促其长成标准形。
加强树下土肥水，树上花果多管理。

12. 杏树疏果留果比

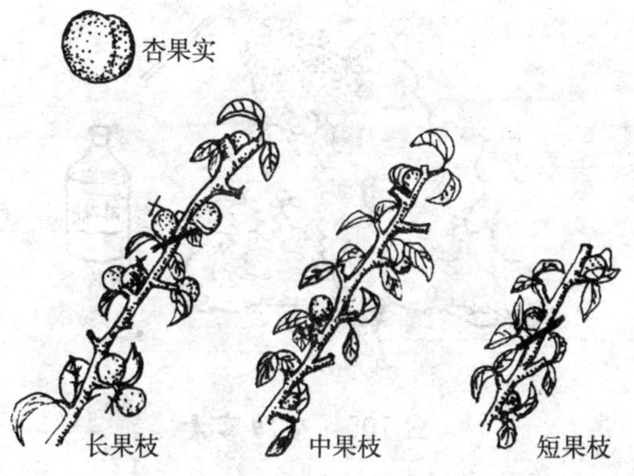

图 104　杏树疏果留果比

花果管理十二例，杏树疏果留果比。
花束状枝留 1 个，短果枝留 1～2 个果。
中果枝留 2～3 个果，长果枝留 3～4 个果。
按枝留果结果牢，果实间隙 5～6 厘米。

13. 喷防落素

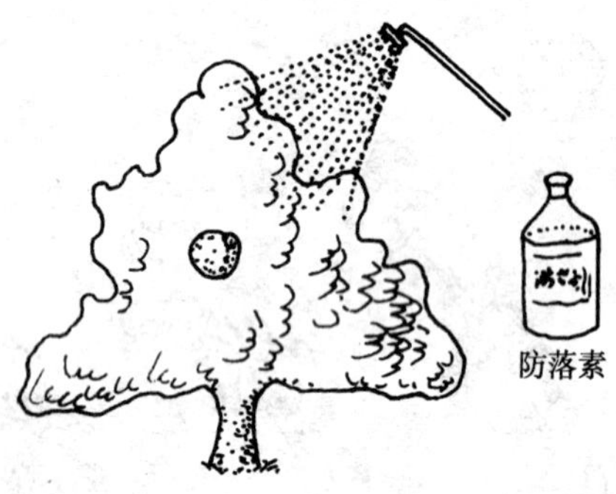

图 105　喷防落素

花果管理十三例，杏树落果要防止。
生理落果营养差，改善营养多施肥。
果实膨大结果牢，防止落果防落素。
晴天下午六时喷，蒸发较少吸收多。
如果喷后下了雨，雨过天晴再补喷。

14. 喷增产灵

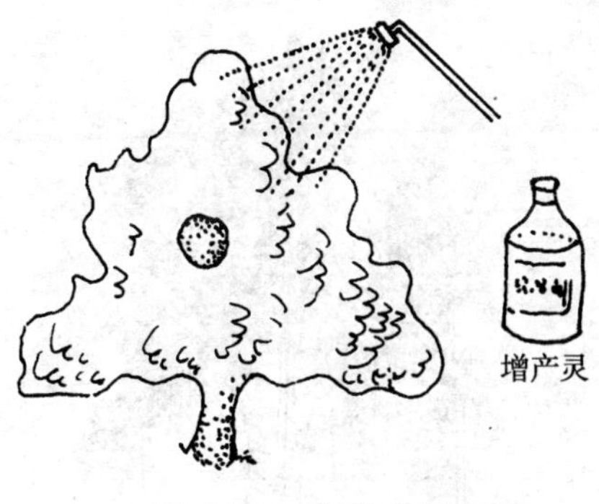

图 106　喷增产灵

花果管理十四例，喷萘乙酸防落果。
杏树体弱营养差，枝细花瘦结果少。
上年结果果太多，形成大年累坏树。
今年成花花不壮，采前 1 月喷萘乙酸，
浓度 0.002%～0.004%，也可喷增产灵50 000倍。

15. 下顶上吊保护枝

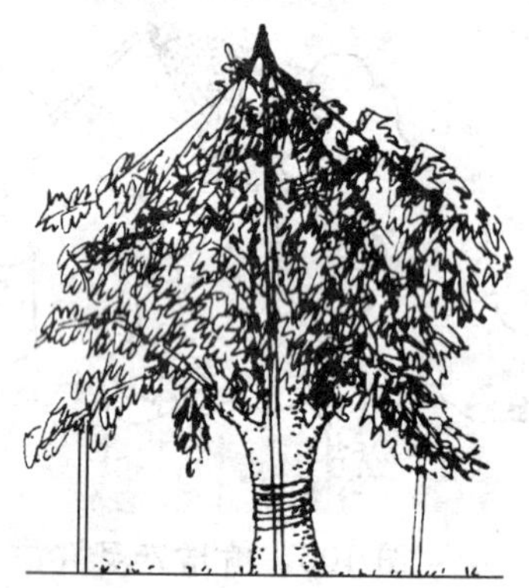

图 107　下顶上吊保护枝

花果管理十五例，下顶上吊保护枝。
结果过多枝压弯，绑杆吊枝保护枝。
顺着中干固吊杆，四面分绳吊主枝。
下面叉杆顶大枝，上面主枝吊起来。
下面果枝顶起来，上下结合保果枝。
保护果枝不劈折，树体不损果质优。

16. 杏果实采收

图 108　杏果实采收

花果管理十六例，杏果采收要适时。
过早果实质量低，含糖量低色泽差。
采收过晚也不好，贮藏期短硬度低。
采收方法有顺序，先摘下外后内上。
采摘用篮少碰伤，摘下及时装筐箱。

17. 果实分级

杏树果实分级

标准 级次	果实横径（毫米）	色 泽	果 形
特级	果实横径 40 毫米	色泽艳丽美观	果形端正无病虫
一级	果实横径 30 毫米	色泽艳丽	果形端正无病虫
二级	果实横径20～30毫米	色泽可观	无病虫

花果管理十七例，商品杏果要分级。
杏从树上摘下来，大小好坏分三级。
特级果横径 40 毫米，特定果色和形状。
一级横径 30 毫米，果形美观色艳丽。
二级横径 25～30 毫米，果形好看无病虫。

18. 果品包装

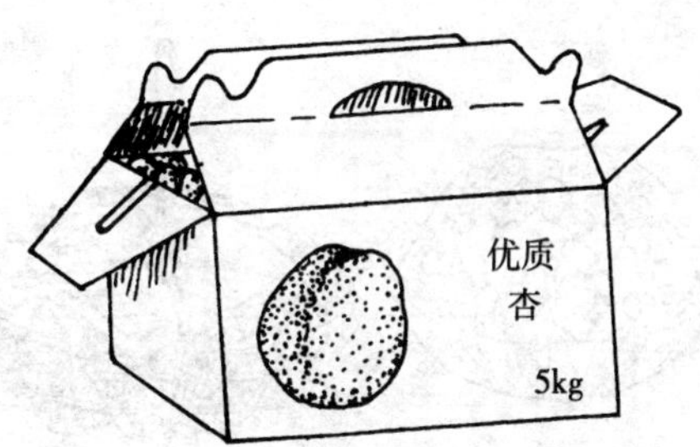

图 109　果品包装

花果管理十八例，杏果上市要包装。
杏果运输用车拉，没有包装受挤压。
杏果挤压不耐贮，果形品质损失大。
包装必须外壳硬，纸箱木箱或篓筐。
箱外彩印有计量，适应市场好销售。

19. 工艺包装

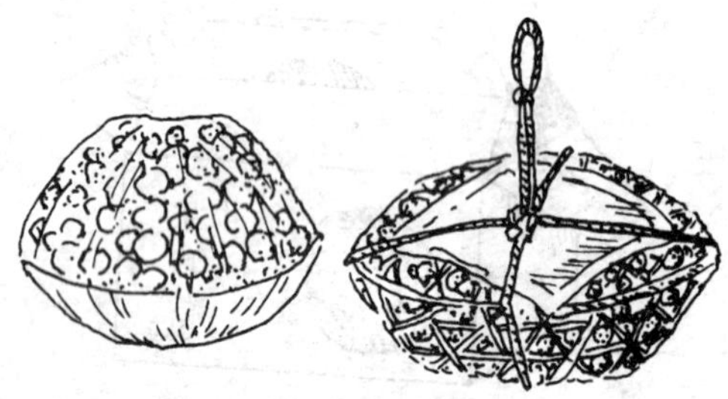

图 110　工艺包装

花果管理十九例，杏果工艺小包装。
优质精品稀有杏，淡季早熟果个大。
竹条编制小果盘，内装稀有礼品杏。
果实个大色泽鲜，小盘小筐轻轻装。
外套透明食品盖，美观卫生又大方。

第六章　病虫害防治

杏树病虫害防治，是保障杏园高产栽培的重要组成部分。病害和虫害威胁着杏树的正常生长，并危及果实的产量和质量，严重影响着杏园的经济收入。杏树病虫害防治应该坚持人工防治和药剂防治相结合；药剂防治与利用天敌相结合。要坚持防重于治的原则，在防治方法上力求做到治早、治小、治了，要防患于未然。

杏树病虫害种类很多，病害有几十种，虫害有上百种，各地发生的种类及其发生的严重程度是不一样的，要加强土肥水管理，搞好修剪和排灌。增强树体抗病能力，培育和栽植抗病虫的优良品种，确保杏园高产、稳产、优质、高效益。

第一节　病害防治

杏树在我国常见的病害有二十多种，其中生

理性病害有杏流胶病、杏裂果病、杏缩叶病、黄叶病、小叶病等。侵染性病害有杏疔病、细菌性穿孔病、杏疮痂病、果腐病、褐腐病、炭疽病、杏果实斑点病。

1. 杏流胶病

图 111　杏流胶病

杏树病害第一例，杏树枝干流胶病。
春天树液流动时，杏树枝干流白胶。
雨季及时把水排，水多流胶更严重。
深翻改土巧施肥，多施磷钾少施氮。
秋后枝干要涂白，防止冬季冻枝梢。

2. 杏裂果病

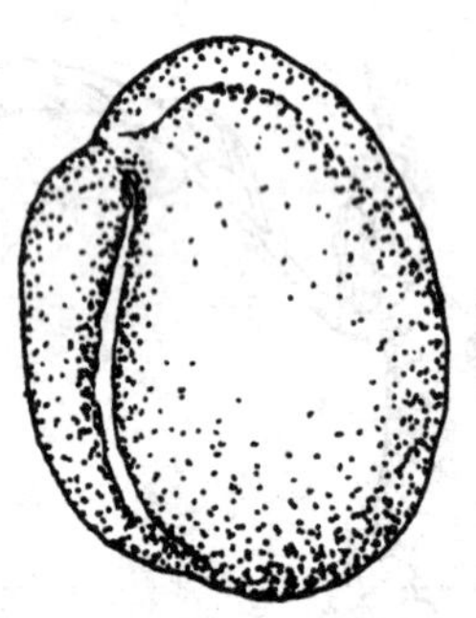

图 112　杏裂果病

杏树病害第二例，果树果实裂果病。
杏果放射状开裂，或从缝合线开裂。
各种病虫从缝入，侵害果实不可食。
栽培选育好品种，早熟晚熟抗杏裂。
雨季注意排积水，暴晒不能喷药水。

3. 杏缩叶病

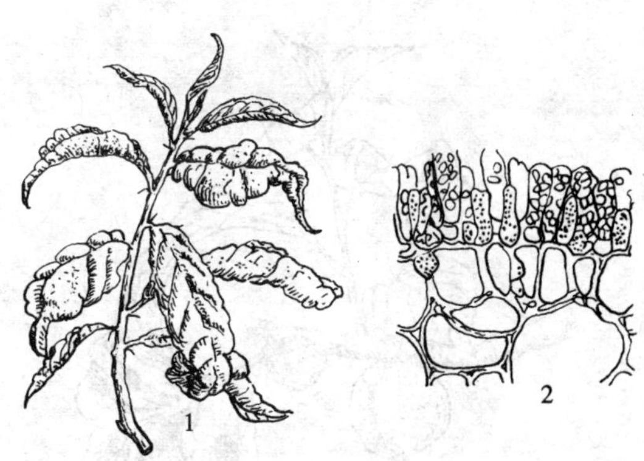

图113　杏缩叶病

杏树病害第三例，杏树发生缩叶病。
幼叶波纹皱卷曲，成叶加厚变脆黄。
病叶干枝早脱落，清理病叶集中烧。
五百倍的代森锌，波尔多液花后喷。

所用代森锌剂型为65%代森锌可湿性粉剂。

4. 杏疔病

图 114　杏疔病

1. 健康叶　2. 健康果　3. 病果　4. 病叶

杏树病害第四例，杏叶红肿杏疔病。
为害新梢和叶片，病菌子囊叶越冬。
春季借风雨传播，病梢暗红黄枯死。
结合修剪剪病枝，清扫杏园集中烧。
芽前喷石硫合剂，展叶喷波尔多液 200 倍。

5. 细菌性穿孔病

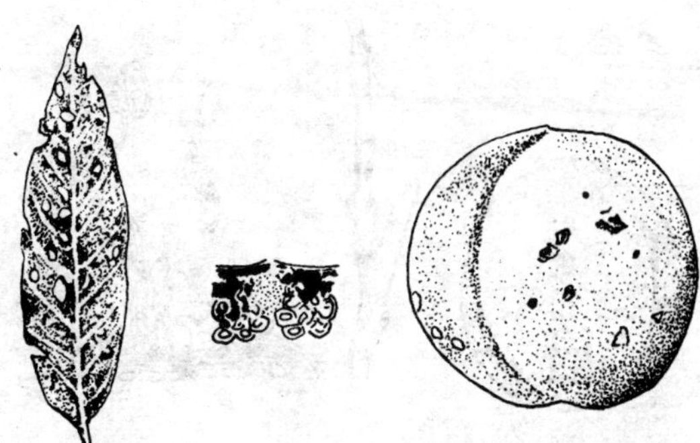

图 115　细菌性穿孔病

杏树病害第五例，防治细菌性穿孔病。
主要为害杏树叶，病原细菌短杆状。
被害枝梢上越冬，下年风雨虫传播。
受害叶片水渍状，病斑脱落叶穿孔。
加强杏园多肥水，适量补施磷钾肥。
结合冬剪剪病枝，石硫合剂芽前喷。

6. 杏疮痂病

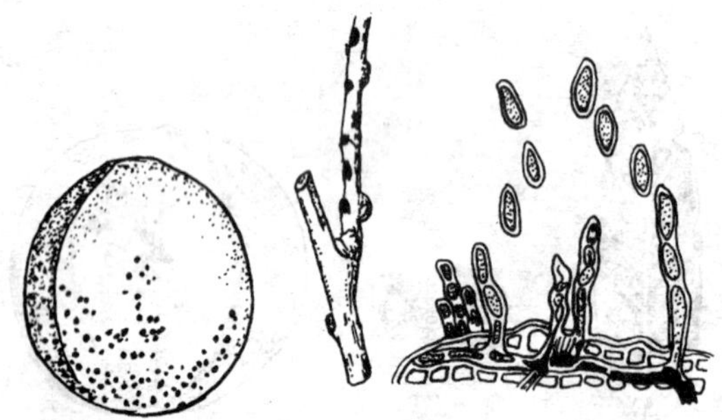

图 116　杏疮痂病

杏树病害第六例，为害桃杏疮痂病。
主要为害杏果实，发病淡绿小斑点。
逐渐聚合皮粗糙，病菌浸染斑龟裂。
病菌枝梢内越冬，风雨昆虫多传播。
彻底剪除病枝果，石硫合剂芽前喷。

7. 果腐病

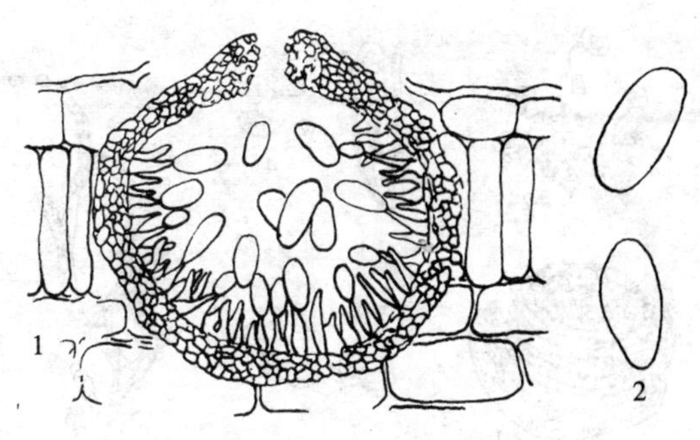

图 117　果腐病病菌

1. 分子孢子和孢子器　2. 孢子放大

杏树病害第七例，果腐病害要防治。
果腐病菌弱寄生，侵染弱枝菌丝体。
杏果接近成熟期，病菌随雨到果面。
冬剪剪去菌弱枝，尽量减少病菌源。
杏果膨大喷多菌灵，百分之五十1 000倍。

所用多菌灵剂型为 5%多菌灵可湿性粉剂。

8. 褐腐病

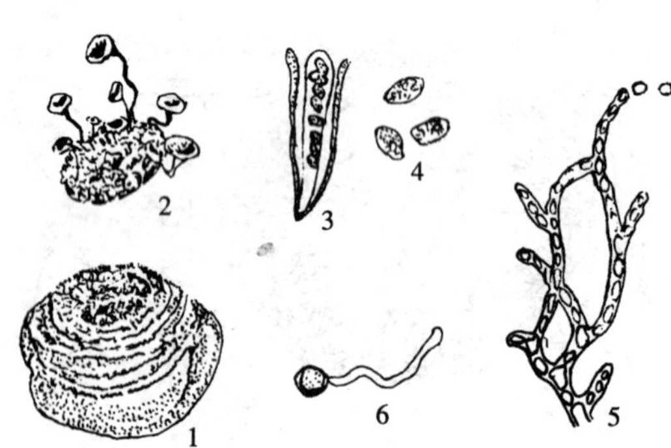

图 118　褐腐病

1. 病果　2. 子囊盘　3. 子囊侧丝　4. 子囊孢子
5. 分生孢子链　6. 分生孢子发芽

杏树病害第八例，杏果病害褐腐病。
病菌越冬僵果内，翌年分生出孢子。
风雨传播侵入果，果肉变褐成僵果。
剪除杏园病虫枝，清理病果要烧毁。
石硫合剂芽前喷，花后再喷除病根。

9. 炭疽病

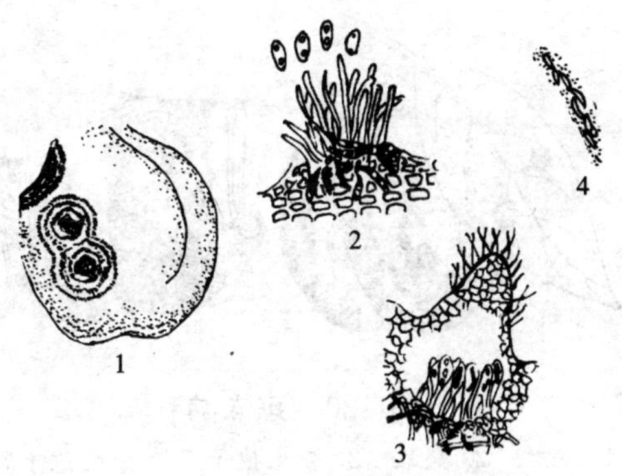

图 119　炭疽病

1. 病果　2. 分生孢子盘　3. 子囊壳　4. 子囊

杏树病害第九例，炭疽病害果实里。
病斑同心轮纹状，病部边缘红褐色。
防治还要综合治，剪除病枝和病果。
少施氮肥控徒长，雨季注意要排水。
石硫合剂芽前喷，花后再喷多菌灵（1 000倍）。

所用多菌灵剂型为 50％多菌灵可湿性粉剂。

10. 斑点病

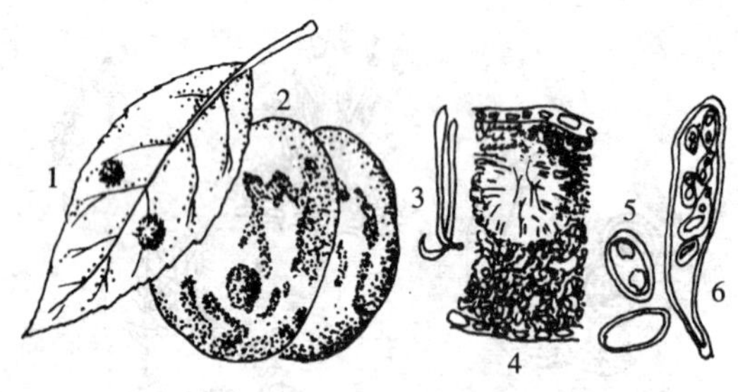

图 120　斑点病

1. 病叶　2. 病果　3. 分生孢子　4. 分生孢子器　5. 子囊孢子　6. 子囊

杏树病害第十例，防治杏树斑点病。
叶片感病叶橙黄，出现深红小粒点。
叶面凹陷背面凸，干枯卷曲早落叶。
病菌病叶上越冬，风雨传播为害重。
石硫合剂芽前喷，波尔多液花后喷。

11. 黄叶病

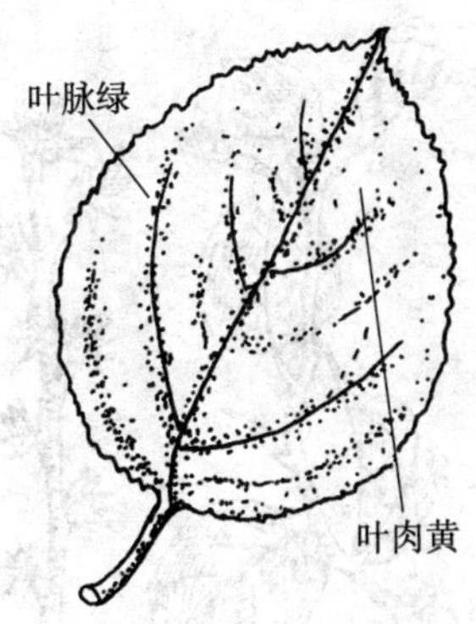

图 121　黄叶病

杏树病害十一例，黄叶病是缺铁症。
叶肉变黄叶脉绿，严重黄白叶枯焦。
改良土壤是基本，多施厩肥和绿肥。
注意松土和排水，硫酸亚铁结合施。
发芽前喷铁元素，硫酸亚铁 0.3%～0.5%。

12. 小叶病

图 122　小叶病

杏树病害十二例，小叶病害缺锌症。
表现在新梢和叶片，叶片狭小脆绿黄。
枝节缩短丛生状，改良土壤补锌素。
大树土施硫酸锌，根施 100～200 克。
芽前要喷硫酸锌，浓度要稀为 0.5%。

第二节　虫害防治

一、为害杏树果实的害虫有

桃蛀螟、杏仁蜂、杏象鼻虫、李小食心虫、桃小食心虫，以幼虫蛀食杏果，为害果实，受害果实变黄脱落，严重影响杏树的产量和质量。

二、为害杏树叶片的害虫有

桃蚜、桃瘤蚜、绿叶蝉、天幕毛虫、舟形毛虫、顶梢卷叶蛾、小黄卷叶蛾、褐卷叶蛾、杏星毛虫、黄刺蛾、白带麦蛾、苹毛金龟子、潜叶蛾、黑星麦蛾、山楂红蜘蛛等害虫，把叶咬成孔缺，吸食叶液汁，使叶变黄干枯脱落。

三、为害杏树枝干的害虫主要有

红颈天牛、杏球坚蚧、桑白蚧、一点叶蝉等害虫。蛀食枝干木质，吸食枝皮汁液，以至枝干干枯死亡。

1. 桃蛀螟

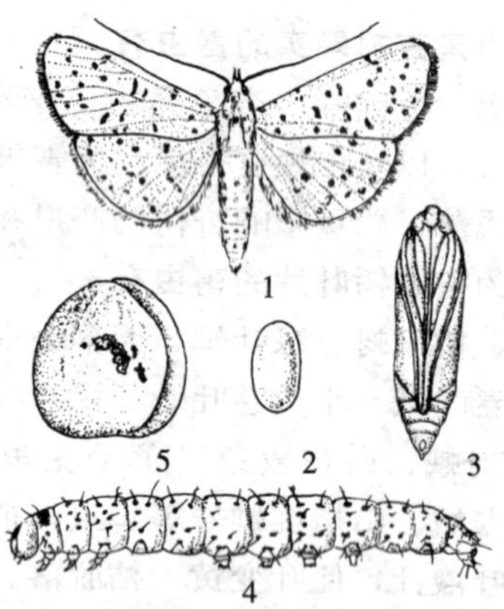

图 123 桃蛀螟

1. 成虫 2. 卵 3. 蛹 4. 幼虫 5. 病害状

杏树害虫第一例，为害杏果桃蛀螟。
一年发生二三代，幼虫越冬树皮中。
为害严重六、七月，杏果正是成熟期。
果柄基部蛀入果，蛀孔流出黄褐胶。
一代虫卵高峰期，速灭杀丁树上喷(2 000倍)。
清理杏园烧残枝，刮老树皮灭冬虫。

2. 杏仁蜂

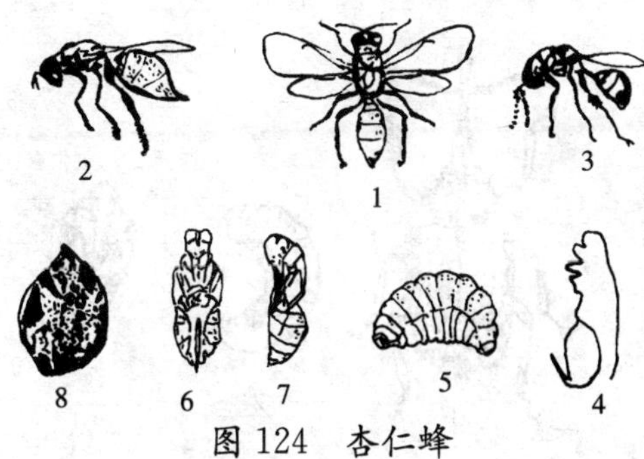

图 124 杏仁蜂

1、2. 雌成虫 3. 雄成虫 4. 卵
5. 幼虫 6. 雌蛹 7. 雄蛹 8. 僵果

杏树害虫第二例，防治杏树杏仁蜂。
幼虫蛀入杏仁内，终生蛀食新杏仁。
受害杏果肉干缩，变为褐色多脱落。
一年发生一代虫，幼虫果核内越冬。
清理杏园被害杏，集中烧毁或深埋。
成虫发生喷农药，辛硫磷1 500倍液。

所用辛硫磷剂型为 50％乳油。

3. 杏象鼻虫

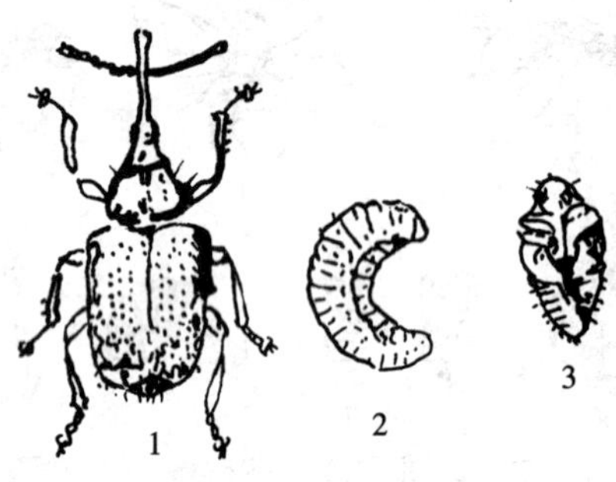

图 125　杏象鼻虫

1. 成虫　2. 幼虫　3. 蛹

杏树害虫第三例，防治杏树象鼻虫。
主要为害杏李桃，咬食嫩芽花和果。
越冬静伏在地下，杏花开时正出土。
地下施药辛硫磷，50％1 000倍液。
利用成虫假死性，振动树枝抓成虫。

所用辛硫磷剂型为50％乳油。

4. 李小食心虫

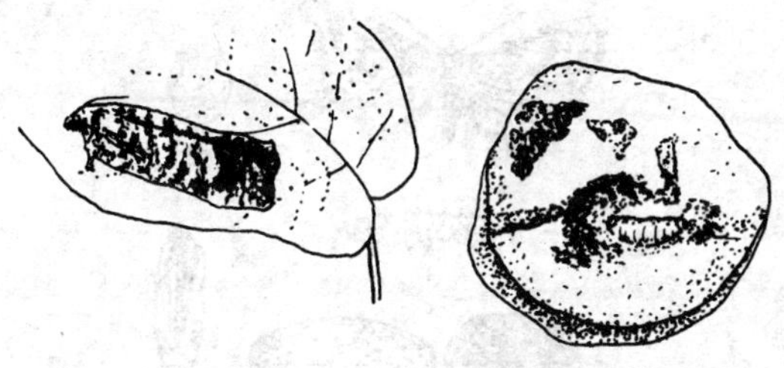

图126　李小食心虫

杏树害虫第四例，防治李小食心虫。
先在果面吐丝网，啃食果皮蛀入果。
果实变成褐紫色，果肉豆沙不能吃。
幼虫出蛰出土前，树下洒辛硫磷1 500倍。
幼虫为害树上喷，50％杀螟松1 000倍。

所用杀螟松剂型为50％杀螟硫磷乳油。杀螟松也叫杀螟硫磷、速灭虫、苏米松、苏米硫磷等。

5. 桃小食心虫

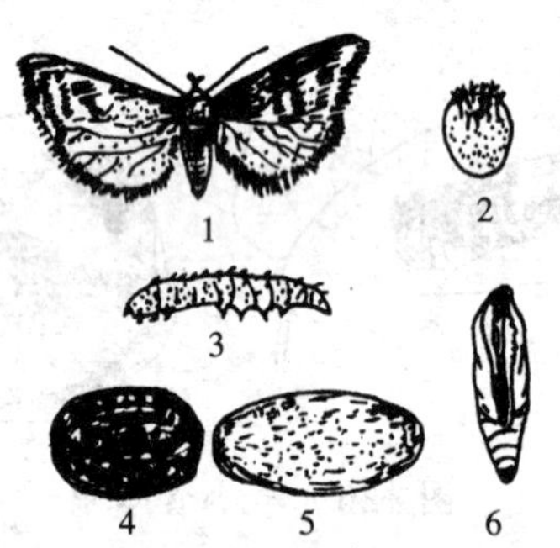

图 127 桃小食心虫

1. 成虫 2. 卵 3. 幼虫 4. 越冬茧 5. 蛹化茧 6. 蛹

杏树害虫第五例，桃小为害杏果实。
幼虫蛀杏外流胶，干涸色白蜡质膜。
潜食果肉果变形，果实畸形像猴头。
桃小年发一、二代，五月幼虫出土前。
树下喷辛硫磷（2 000倍），发现成虫树上喷，
水胺硫磷、灭扫利，稀释浓度1 000倍、3 000倍。

所用水胺硫磷剂型为40%水胺硫磷乳油，稀释浓度为1 000倍。所用灭扫利剂型为20%甲氰菊酯乳油，稀释浓度为3 000倍。

6. 桃　蚜

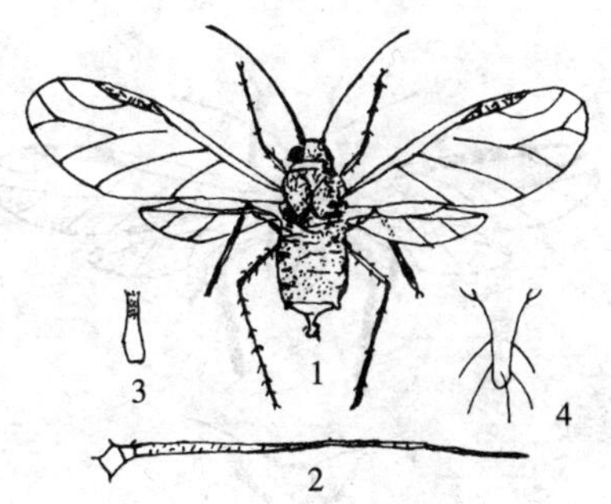

图128　桃　蚜

1. 有翅胎生雌蚜　2. 触角　3. 腹管　4. 尾片

杏树害虫第六例，为害杏树桃蚜虫。
为害杏树叶和梢，四至五月最严重。
桃蚜聚集在新梢，刺吸新梢枝叶汁。
为害新叶扭卷曲，造成落叶又落果。
早春喷药抗蚜威，速灭杀丁2 000倍。

所用速灭杀丁剂型为20%氰戊菊酯乳油。速灭杀丁也叫氰戊菊酯、敌虫菊酯、杀虫菊酯、中西杀虫菊酯等。

7. 桃瘤蚜

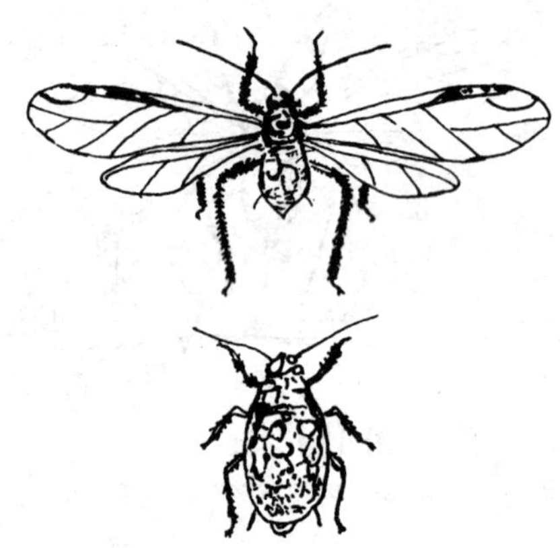

图 129　桃瘤蚜

杏树害虫第七例，为害杏叶桃瘤蚜。
群集叶背吸叶汁，叶片卷曲变红色。
严重时叶卷扭曲，最后干枯死落叶。
一年发生十余代，五至六月最严重。
芽后喷布溴氰菊酯，2.5％乳油3 000倍液。

8. 绿叶蝉

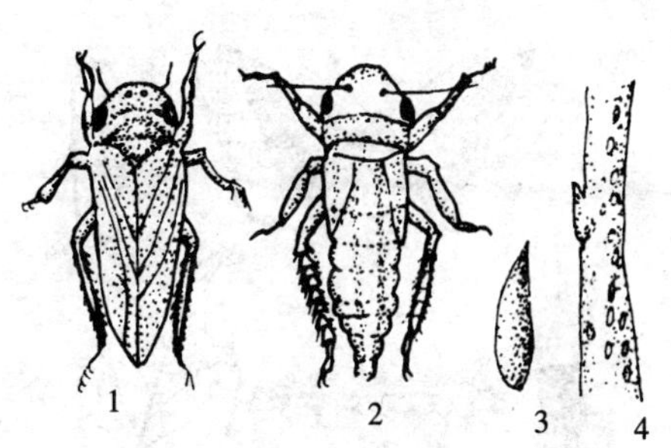

图 130 绿叶蝉

1. 成虫 2. 若虫 3. 卵 4. 被害枝条

杏树害虫第八例，防治杏树绿叶蝉。
一年发生五、六代，吸食杏花叶液汁。
七至八月为害重，杏叶失绿早脱落。
五月喷马拉松(1 000倍),七至八月杀螟松(1 000倍)。
速灭杀丁灭扫利，一千倍和两千倍。

所用马拉松剂型为50%马拉硫磷乳油。马拉松也叫马拉硫磷、4049、马拉塞昂、防虫磷等。

9. 天幕毛虫

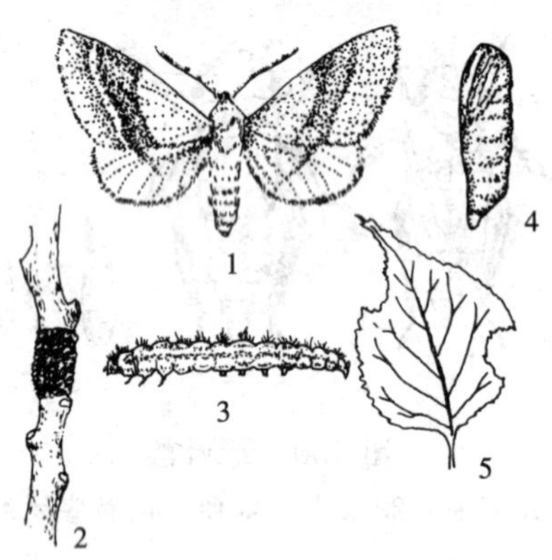

图 131 天幕毛虫

1. 成虫 2. 卵块 3. 幼虫 4. 蛹 5. 杏叶被害状

杏树害虫第九例，天幕毛虫顶针虫。
幼虫吸食嫩芽叶，群集枝叉吐丝网。
老熟幼虫分散食，全树叶片都吃光。
冬剪清除虫卵块，黑光灯锈杀雄成虫。
农药用 90%敌百虫，1 000倍液树上喷。

10. 舟形毛虫

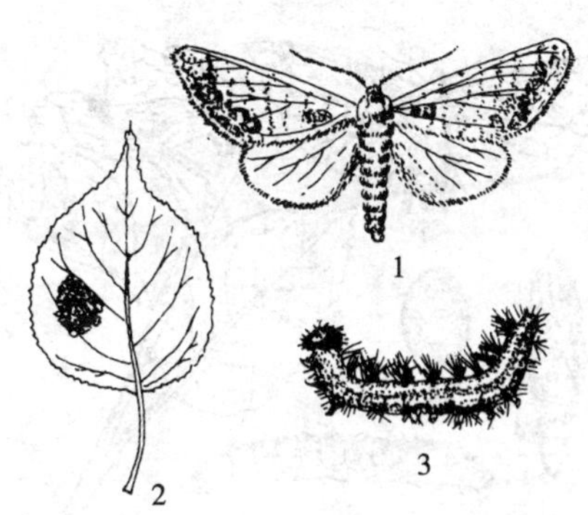

图132 舟形毛虫

1. 成虫 2. 产于叶背的卵 3. 幼虫

杏树害虫第十例，舟形毛虫年一代。
以蛹越冬在土中，幼虫食害杏树叶。
利用幼虫群集性，摘叶踏死省费用。
喷药除治七、八月，800倍的青虫菌。
树下撒施白僵菌，老熟幼虫出土时。

所用青虫菌剂型为100亿活芽孢悬浮剂、100亿活芽孢可湿性粉剂。青虫菌也叫苏云金杆菌、Bt乳剂、7216。

11. 顶梢卷叶蛾

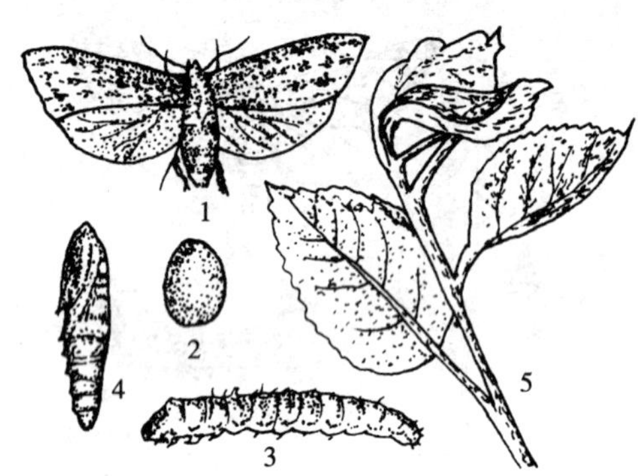

图 133　顶梢卷叶蛾

1. 成虫　2. 卵　3. 幼虫

4. 蛹　5. 被害状

杏树害虫十一例，防治顶梢卷叶蛾。
为害主要是幼虫，大都为害嫩枝叶。
幼虫越冬卷叶中，冬剪卷叶灭冬虫。
诱杀成虫糖蜜罐，卵孵盛期用药治。
1 000倍的杀螟松，1 000倍的敌百虫。

12. 小黄卷叶蛾

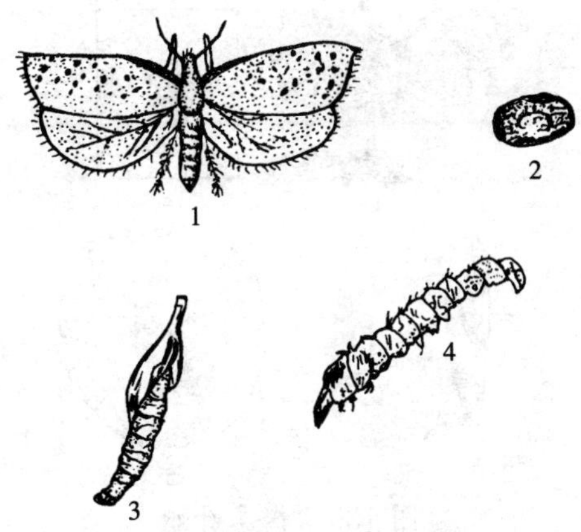

图 134　小黄卷叶蛾

1. 成虫　2. 卵　3. 蛹　4. 幼虫

杏树害虫十二例，杏树小黄卷叶蛾。
一年发生一、二代，幼虫树皮中越冬。
一代成虫八月盛，二代成虫九月重。
幼虫叶丝缀叶片，潜居缀叶中为害。
8～9 月喷农药，50％敌百虫1 000倍。

13. 褐卷叶蛾

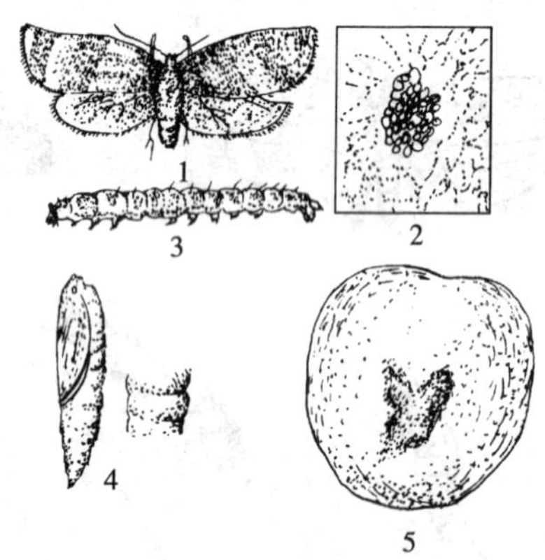

图 135 褐卷叶蛾

1. 成虫 2. 卵块 3. 幼虫
4. 蛹及腹节刺突 5. 果实被害状

杏树害虫十三例，褐卷又称舐皮虫。
一年发生共三代，幼虫越冬翘皮缝。
杏树露蕾杀幼虫，糖醋液和黑光灯。
性诱剂能杀成虫，刮老翘皮杀冬虫。
用药杀螟松1 000倍，幼虫为害及时喷。

14. 杏星毛虫

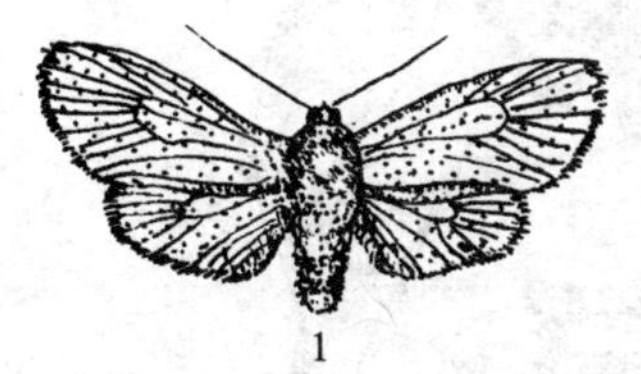

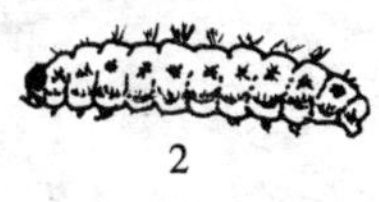

图136 杏星毛虫

1. 成虫 2. 幼虫

杏树害虫十四例，为害杏树杏毛虫。
幼虫钻入花芽中，为害花芽产量低。
一年发生一代虫，咬食叶片夜晚重。
傍晚树上喷农药，杀螟松剂1 000倍。

15. 黄 刺 蛾

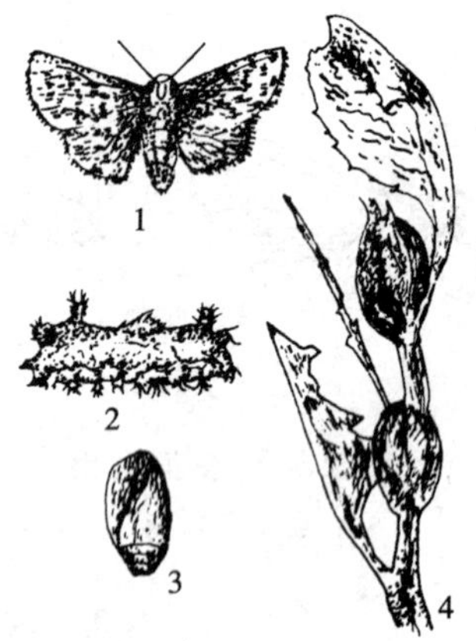

图 137　黄刺蛾

1. 成虫　2. 幼虫　3. 蛹　4. 茧及被害状

杏树害虫十五例，刺蛾俗称洋辣子。
一年发生共一代，幼虫越冬枝结茧。
幼虫食叶留叶脉，冬春剪茧灭冬虫。
幼虫为害喷药治，速灭杀丁3 000倍。
青虫菌 800 倍，敌百虫1 500倍。

16. 白带麦蛾

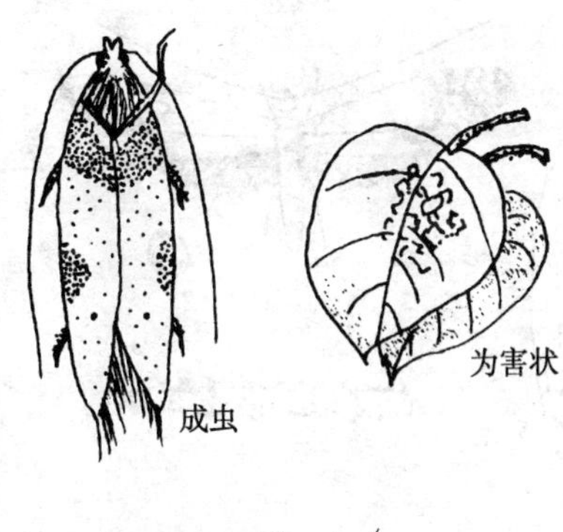

图 138 白带麦蛾

杏树害虫十六例，白带麦蛾害杏树。
一年发生两代中，以蛹越冬树皮中。
幼虫串食害杏树叶，七至九月为害重。
喷杀幼虫辛硫磷，50%1 000倍喷两次。

17. 潜 叶 蛾

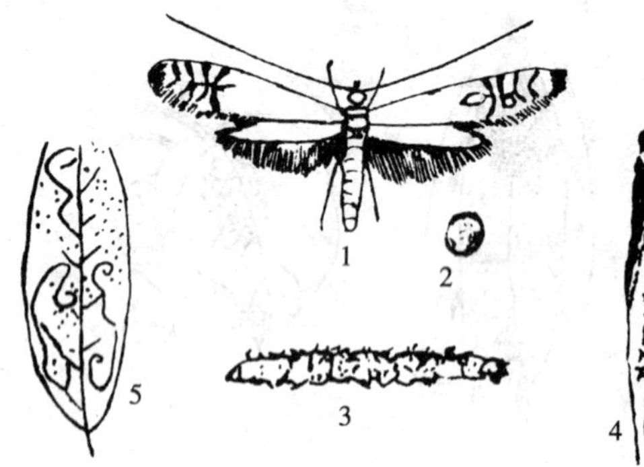

图 139　潜叶蛾
1. 成虫　2. 卵　3. 幼虫　4. 蛹　5. 致病病状

杏树害虫十七例，防治杏树潜叶蛾。
幼虫叶中忙串食，叶肉弯曲隧道多。
一年发生六七代，杂草树皮内越冬。
被害杏树树势弱，叶片干枯早脱落。
冬春清扫杏树下，集中烧毁或深埋。
为害盛期喷灭扫利，2 000倍液树上喷。

18. 黑星麦蛾

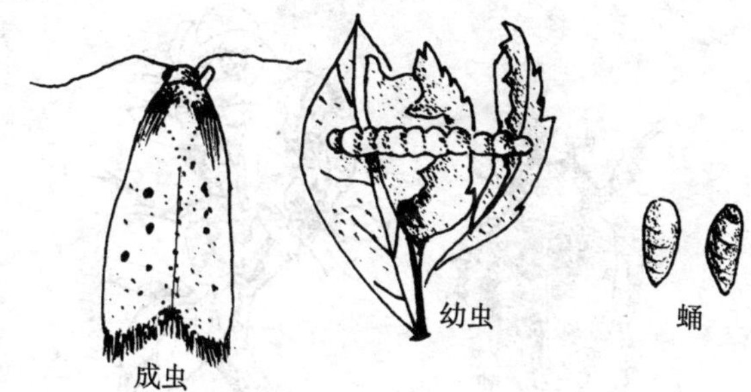

图 140　黑星麦蛾

杏树害虫十八例，黑星麦蛾为害杏。
幼虫食害杏树叶，吐丝缀叶为害重。
一年发生三四代，以蛹落叶中越冬。
冬春清扫树落叶，集中烧毁灭冬虫。
为害盛期喷农药，敌百虫剂1 000倍。

19. 苹毛金龟子

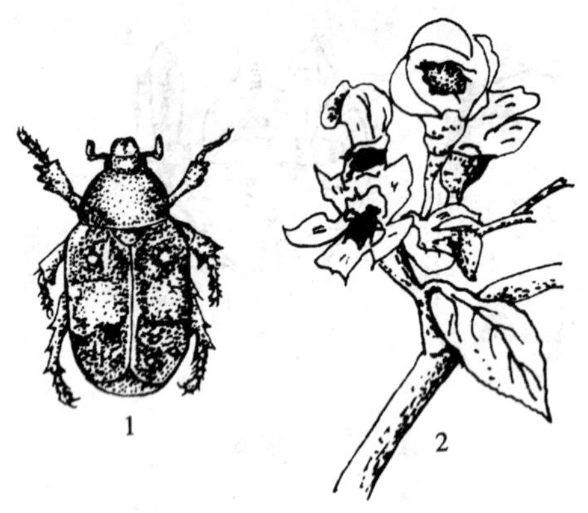

图 141　苹毛金龟子
1. 成虫　2. 被害状

杏树害虫十九例，年发一代金龟子。
成虫越冬在土中，树下草丛中过冬。
气温上升虫出土，食害花蕾损失重。
早晚振树捕成虫，树下喷辛硫磷1 000倍。
花蕾期喷速灭杀丁，3 000倍液杀成虫。

20. 山楂红蜘蛛

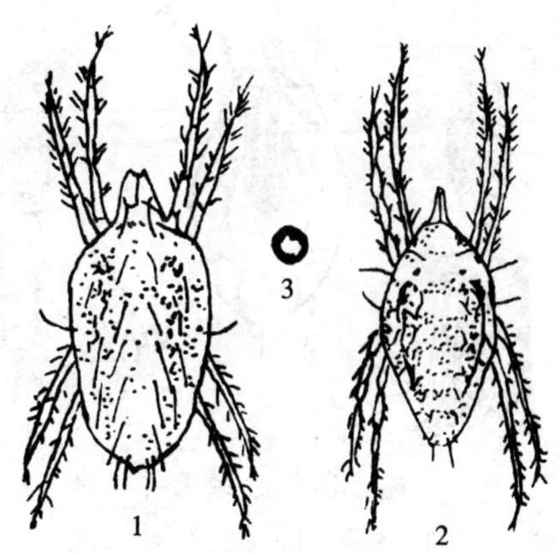

图142　山楂红蜘蛛

1. 雌成虫　2. 雄成虫　3. 卵

杏树害虫二十例，防治山楂红蜘蛛。
成虫越冬是雌性，一年发生6～9代。
除止掌握两关键，五月前后麦收期。
水胺硫磷2 000倍，灭扫利2 000倍。
包草压土刮树皮，石硫合剂芽前喷。

21. 红颈天牛

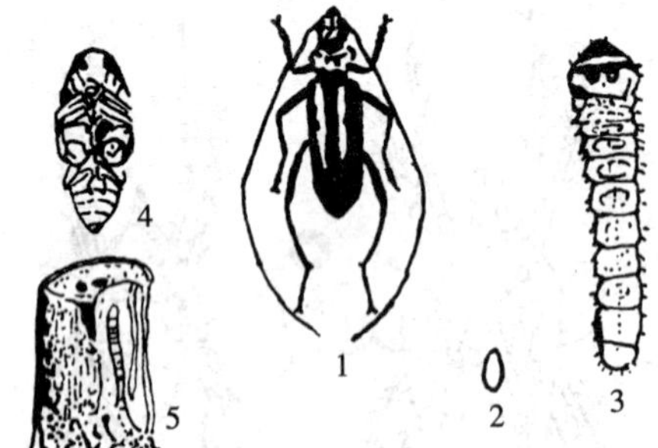

图 143　红颈天牛

1. 成虫　2. 卵　3. 幼虫

4. 蛹　5. 致病病状

杏树害虫二一例，红颈天牛要防治。
幼虫为害树主干，二至三年生一代。
蛀食主干形成层，钻孔杏树整株死。
初春主干树涂白，防治成虫干产卵。
成虫出现高峰期，辛硫磷液喷主干。
午间人工捉成虫，铁丝挖孔堵毒膏。

22. 一点叶蝉

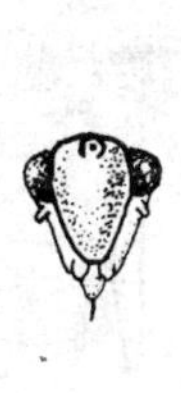
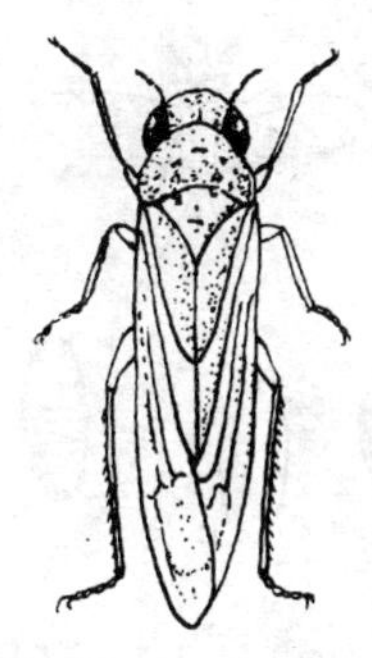

图 144　一点叶蝉

杏树害虫二二例，一年三代一点叶蝉。
卵态越冬枝皮下，受害枝干冬抽干。
成虫若虫害枝叶，十月下旬干涂白。
成虫产卵用药喷，3 000倍的辛硫磷。

23. 杏球坚蚧

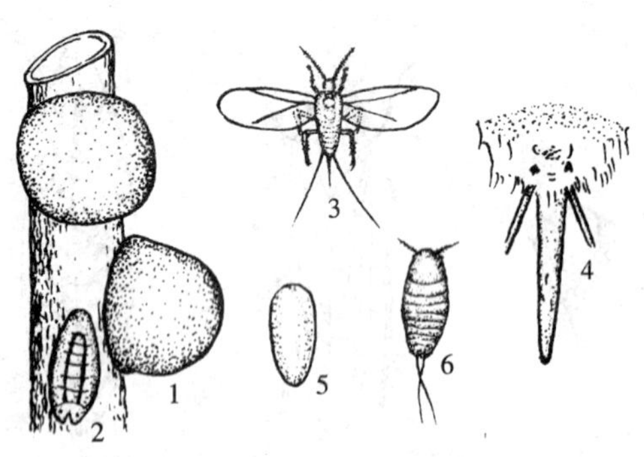

图 145　杏球坚蚧

1. 雌成虫　2. 雄蚧壳　3. 雄成虫　4. 雄尾

5. 卵　6. 若虫

杏树害虫二三例，杏球坚蚧杏虱子。
主要为害桃杏李，吸取寄主枝液汁。
雌虫爬满树枝干，为害杏树枝干枯。
一年发生数代虫，越冬若虫包蜡堆。
石硫合剂芽前喷，马拉硫磷六月喷(1 000倍)。

24. 桑白蚧

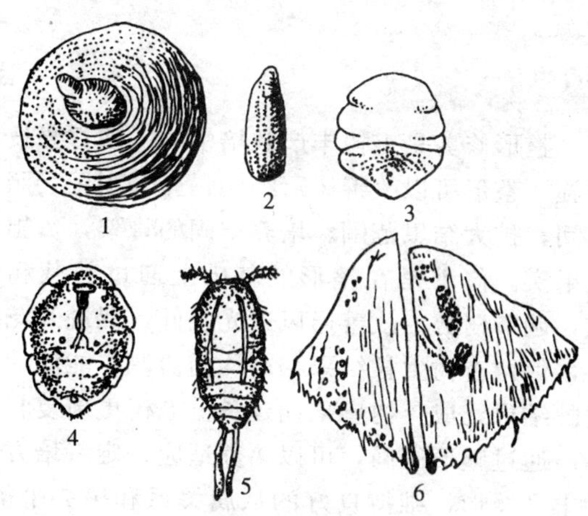

图 146 桑白蚧

1. 雌介壳 2. 雄介壳 3. 雌成虫(背面观)
4. 雌成虫 (腹面观) 5. 若虫 6. 臀板

杏树害虫二四例，为害杏树桑白蚧。
一年发生一、二代，树皮缝隙中越冬。
五月下旬为害重，吸食花果和枝叶。
为害喷布敌杀死，2 000倍液喷均匀。

第七章　杏树整形修剪

整形修剪是杏树丰产栽培中的一项重要技术措施。整形可以改善树冠结构，充分利用光照和空间，扩大结果范围。培养牢固的骨架，负担大量果实。修剪是在整形的基础上通过剪截和疏枝，调节树势，改善通风透光条件，促进开花结果，保持杏树生长结果相对均衡协调，能使幼树适龄结果，成年树盛果期延长，老树更新复壮。

通过整形修剪，可以培养适应一定栽培方式的丰产树形，维持良好的从属关系和树势平衡，建立合理的群体结构，达到早结果、产量高、品质优、寿命长的目的。

第一节　树体名称及特性

树体名称：

1. 骨干枝有：主干、主枝、侧枝、辅养枝等，它们组成树体骨架。

2. 枝条名称有：延长枝、发育枝、叶丛枝、竞争枝、徒长枝、并生枝、下垂枝等。

3. 结果枝有：长果枝、中果枝、短果枝、花束状果枝等。

4. 杏树芽的名称有：叶芽、顶芽、侧芽、潜伏芽、盲芽、花芽、单花芽、复花芽、顶花芽等。

1. 杏树延迟开心形树体结构名称

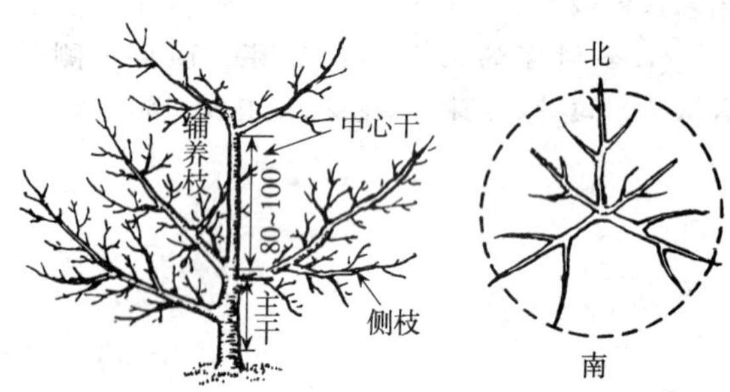

图 147　杏树延迟开心形树体结构名称

杏树名称第一例，延迟开心树结构。
主枝以下叫主干，主枝以上中心干。
主枝着生在主干，侧枝着生在主枝。
延迟开心分两层，基部三主上二主（枝）。
除了主侧骨干枝，再有就叫辅养枝。

2. 杏树枝条名称

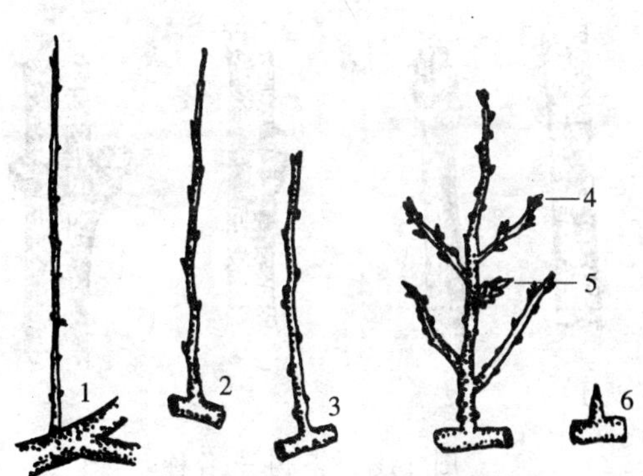

图 148 杏树枝条名称

1. 徒长枝 2. 发育枝 3. 长果枝 4. 短果枝 5. 花束状果枝 6. 叶丛枝

杏树各称第二例，杏树枝条各有名。
直立生长徒长枝，延长生长发育枝。
15 厘米以上长果枝，5～10 厘米中果枝。
5 厘米以下短果枝，花束状果枝象鸡爪。
叶片轮生叶丛枝，修剪之前识别清。

3. 杏树芽名称

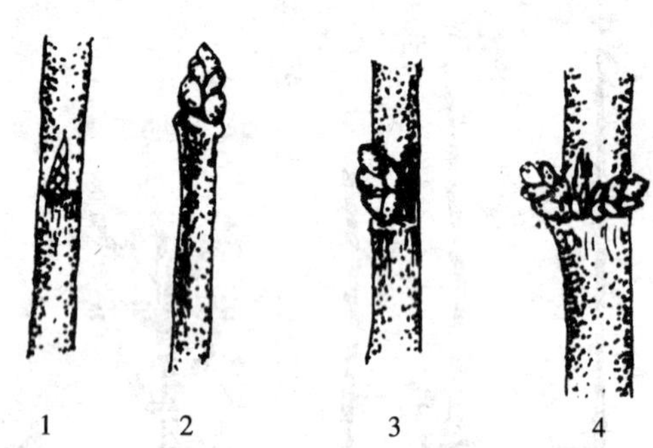

图 149　杏树芽名称

1. 叶芽　2. 顶花芽　3. 一花一叶芽　4. 二花一叶芽

杏树名称第四例，杏树芽态可分类。
芽疵瘦尖叫叶芽，肥大近圆叫花芽。
一个花芽单花芽，两个花芽复花芽。
芽位顶端叫顶芽，芽位两侧叫侧芽。
下部小芽潜伏芽，叶下无眼叫盲芽。

第二节　修剪方法

杏树修剪方法分冬剪、夏剪两种。冬剪是从落叶后至下年萌芽前休眠期修剪。但是，考虑到杏树休眠期短，以及对外界环境条件的敏感性，最适宜的修剪时间应该是在深冬之后至早春营养生长之前。这时枝干和根系贮存的大量营养物质还没有输送到树冠周围的枝条上。因此，可将被修剪后留下的枝条和芽子有效地利用。落了叶就修剪有些过早。萌芽后修剪比较危险，容易发生流胶，造成树体提前死亡。

冬剪的主要方法有：轻短截、中短截、重短截、回缩、疏枝、缓放。

1. 轻短截

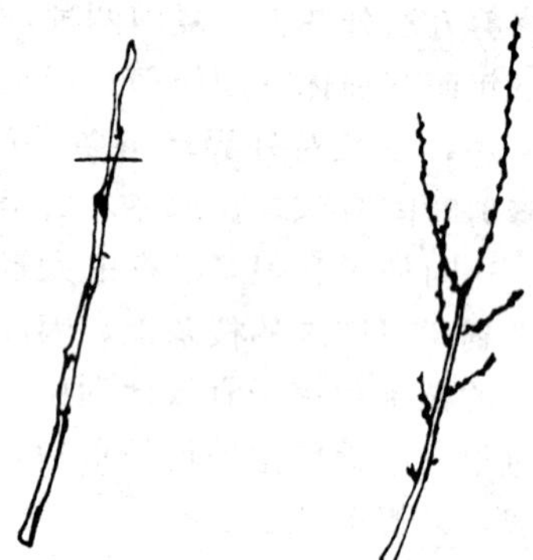

图 150　轻短截

修剪方法第一例，短截程度分三种。
轻截中截和重截，截后效果不一同。
轻截截去一小段，剪口下留次饱芽。
形成较多中短枝，枝势缓和成花多。
修剪量小损失小，刺激生长分枝少。

2. 中短截

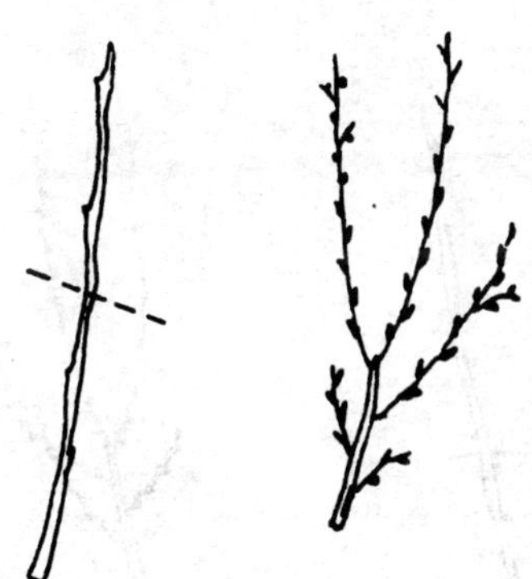

图 151　中短截

修剪方法第二例，一年生枝中部剪。
剪口下留饱满芽，成枝力强生长旺。
中长枝条成的多，缓枝成花受抑制。
用于延长带头枝，有利培养大枝组。
弱枝更新也用它，中截形成结果枝。

3. 重短截

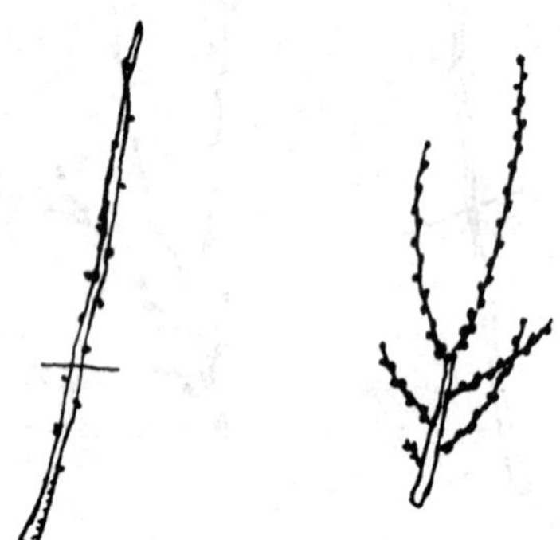

图 152 重短截

修剪方法第三例，新梢中下部重截。
剪口下留次饱芽，修剪量大剪口大。
削弱明显被剪枝，剪后发枝少而旺。
培养枝组多采用，发枝更新也用它。
枝轴低矮枝组壮，矮小紧凑结果牢。

4. 回 缩

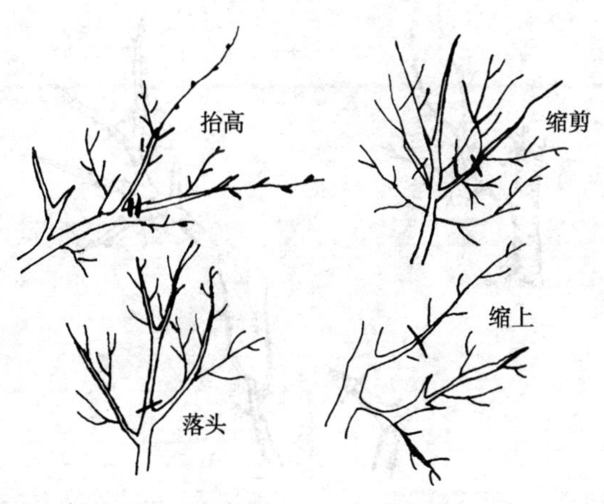

图 153 回 缩

修剪方法第四例，多年生枝截回缩。
冗长下垂衰弱枝，复壮更新要回缩。
重叠交叉密挤枝，回缩通风透光好。
延长换头要回缩，利用回缩降枝位。
适时回缩辅养枝，枝组紧凑主次分。

5. 疏　　枝

图 154　疏　枝

修剪方法第五例，齐根剪掉叫疏枝。
幼树枝少不疏枝，直立旺长可拉平。
密挤重叠交叉枝，通风透光要疏枝。
树冠郁闭透光差，疏去辅养过密枝。
旺树疏强直立枝，弱树疏花疏弱枝。

6. 缓　放

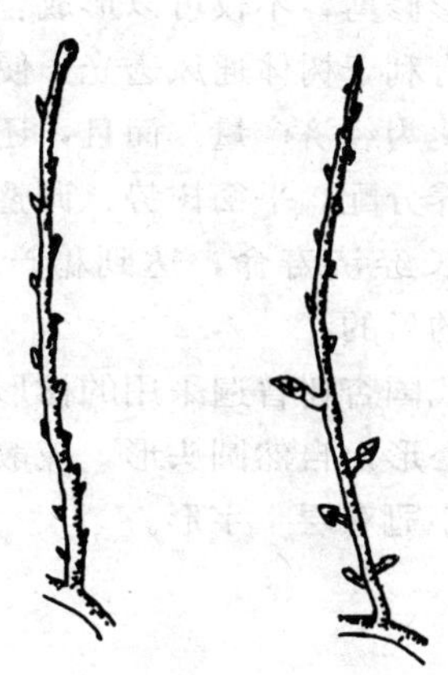

图 155　缓　放

修剪方法第六例，缓放不剪叫长放。
一年生枝缓不剪，枝势缓和出中短。
连年缓放单轴生，促发短枝花形成。
延长枝头要交接，缓放成花杏压头。
直立旺长不可缓，缓放增粗更难管。

第三节　整形修剪

杏树整形修剪，不仅可以形成合理的树形和树体结构，有利于树体通风透光，使作物产量最大限度地转化为经济产量。而且，还可以改善树体内部的营养分配，平衡树势，调整生长和结果的关系，延长经济寿命，达到稳产、高产、优质、高效益的目的。

目前，我国杏树普遍采用的树形有：

延迟开心形，自然圆头形，疏散分层形，自然开心形，小冠双层十字形。

1. 延迟开心形

图 156 延迟开心形

杏树整形第一例，整成延迟开心形。
全树主枝分两层，两层都是开心形。
定干高度 60 厘米，基部着生三主枝。
二层错开两主枝，层间距离留一米。
侧枝排列向外斜，安排结果枝组多。
树冠较大易丰产，一公顷定植 810 株。

2. 自然圆头形

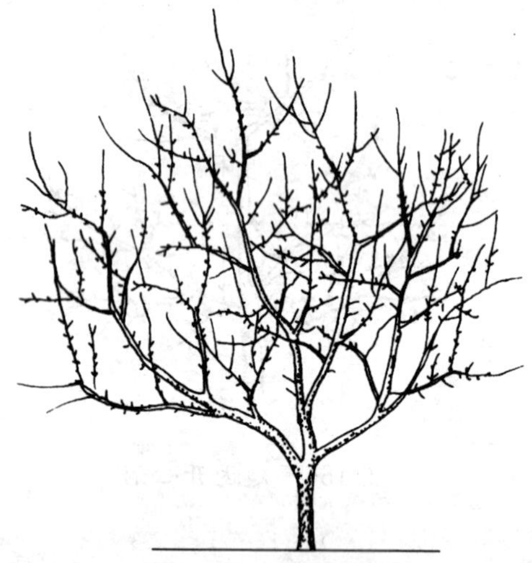

图 157　自然圆头形

杏树整形第二例，整成自然圆头形。
定干 60～70 厘米，靠近主干留主枝。
主枝选留 5～7 个，错开着生在主干。
一个主枝两侧枝，侧枝上配结果枝。
有空安排辅养枝，辅养主侧结果多。

3. 疏散分层形

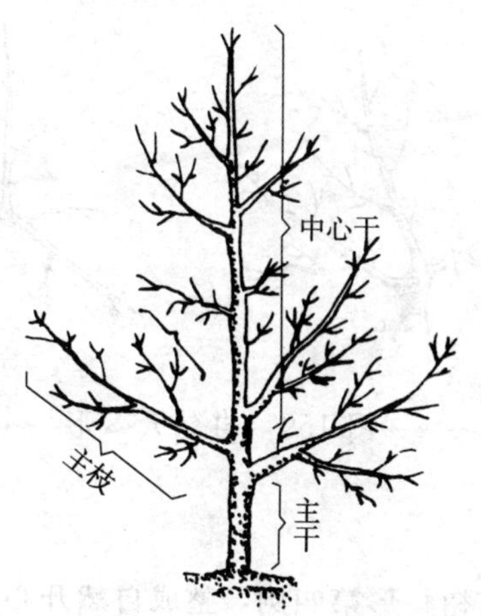

图 158　疏散分层形

杏树整形第三例，整成疏散分层形。
基部一层三主枝，二层两主错开留。
一、二层间距一米，二、三层间 80 厘米。
层内距离 40 厘米，选成邻近三主枝。
主枝留侧二、三个，侧枝着生主两侧。

4. 自然开心形

图 159　自然开心形

杏树整形第四例，整成自然开心形。
定干高度 60 厘米，当年选留三主枝。
一个主枝三侧枝，有空安排辅养枝。
低干矮冠好管理，通风透光品质优。
二至三年整成形，五至六年盛果期。

5. 小冠双层十字形

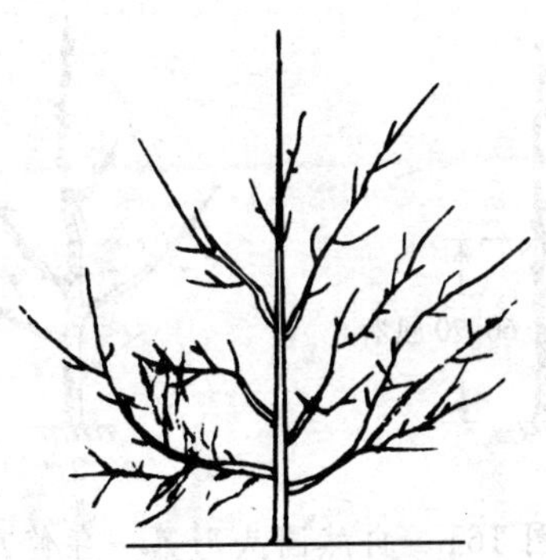

图 160　小冠双层十字形

杏树整形第五例，小冠双层十字形。
四个主枝分两层，一层两主对面留。
两层主枝成十字，一、二层间距一米。
一个主枝三侧枝，有空就留辅养枝。
树高不超过三米，小冠密植好管理。

6. 自然圆头形整形过程

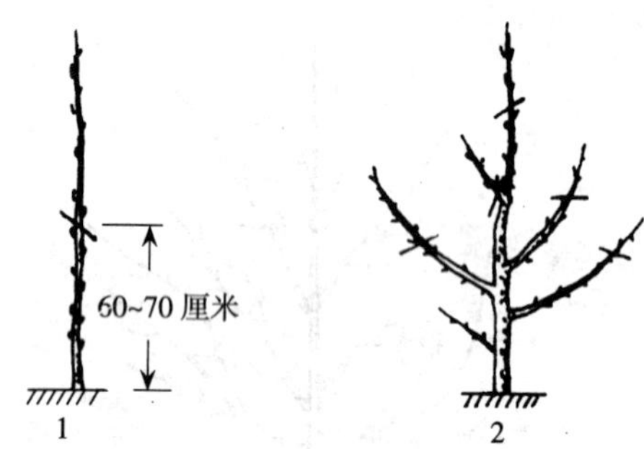

图 161　自然圆头形第一年修剪

1. 栽后定干　2. 冬剪

杏树整形第六例，自然圆头一年剪。
头年定植缓苗期，定干高度 60 厘米。
50～70 厘米整形带，整形带里选主枝。
冬剪中心干打头，剪留长度 70 厘米。
当年萌芽全留下，增加枝叶促整体。

7. 自然圆头形第二年剪

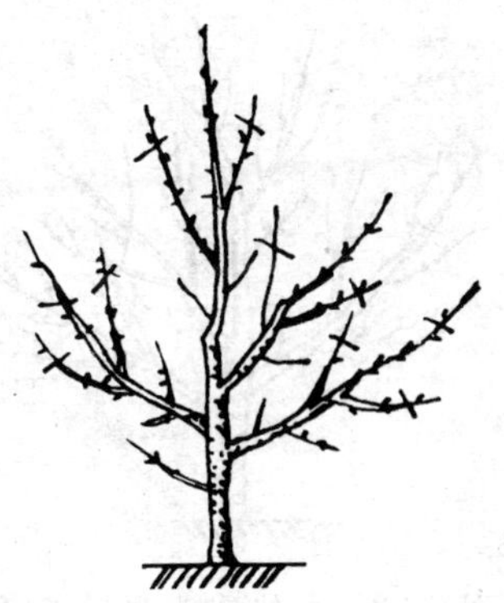

图 162　自然圆头形第二年冬剪

杏树整形第七例，自然圆头二年剪。
中心干留延长头，饱满芽处行短剪。
一层主枝留三个，三个主枝错开留。
剪留长度 50 厘米，剪下饱满留外芽。
二层饱芽重短剪，准备下年留主枝。

8. 自然圆头形第三年剪

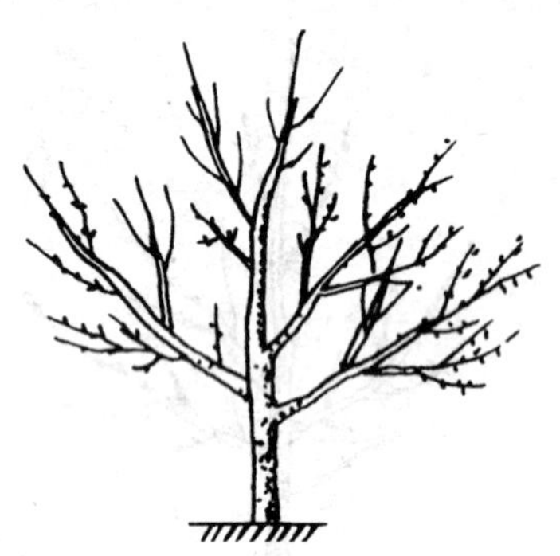

图 163　自然圆头形第三年剪

杏树整形第八例，自然圆头三年剪。
一层主枝留侧枝，侧枝 40 厘米处剪。
二层主枝选两个，50 厘米处外芽剪。
中心干要留延长头，二层主枝留侧枝。
一距二层 80 厘米，层内有空留辅养枝。

9. 自然圆头初果期修剪

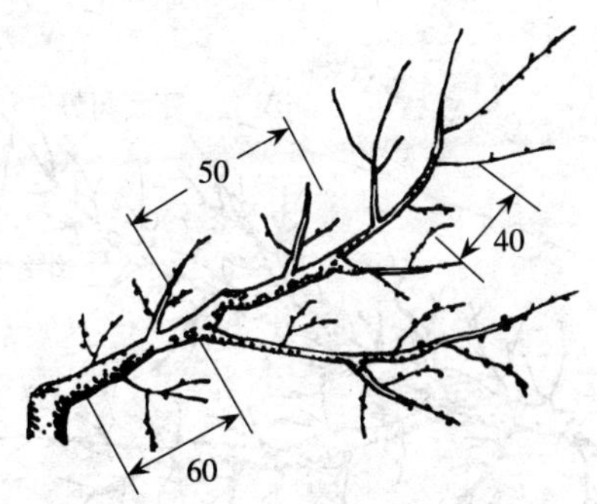

图 164　自然圆头初果期修剪

杏树修剪第九例，圆头形初果期剪。
冬剪夏剪相结合，夏剪为主截缩疏。
上下内外要平衡，树势缓和变中缓。
辅养枝多要清理，主从分明层次清。
层间距离要打开，疏除内膛密生枝。
培养枝组看枝情，轻、重、中缓灵活用。

10. 自然圆头形盛果期修剪

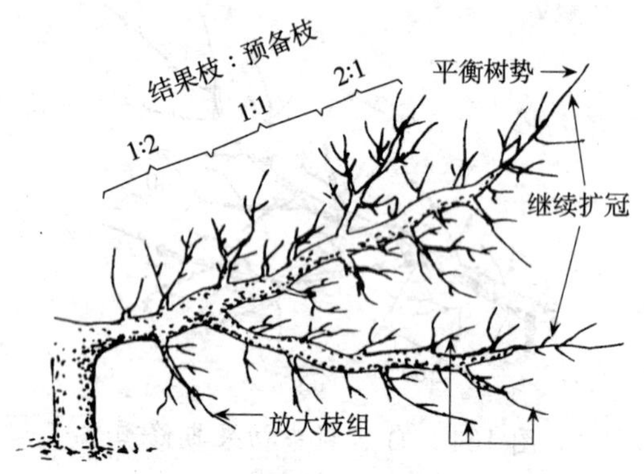

图 165 自然圆头形盛果期修剪

杏树修剪第十例，自然圆头盛果期。
调整结果是中心，致细修剪结果枝。
骨干枝头留上芽，维持结果枝组壮。
适当疏除细弱枝，回缩辅养清内膛。
重截再生新发育，培养新的结果枝。
每年都要截缩缓，年年杏树得丰产。

11. 自然圆头形衰老期修剪

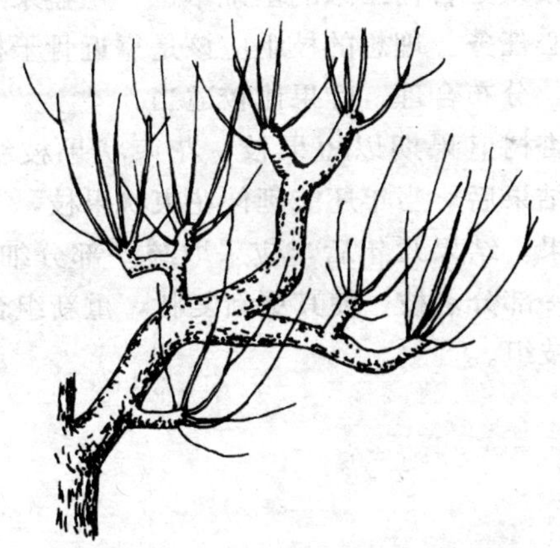

图 166　自然圆头形衰老期修剪

杏树修剪十一例，自然圆头衰老期。
每年更新老弱枝，复壮果枝不衰老。
回缩细弱出新枝，多留两侧壮枝芽。
中庸枝组也要剪，有新有旧调换开。
枝组不剪易衰老，十剪二、三轮换结。

第四节 结果枝组的修剪

枝组是杏树结果的基础单位，是盛果期修剪的中心任务。理想的枝组应该是靠近骨干枝牢固健壮，分布合理，叶果比较适当。

杏树盛果期以短果枝、花束状果枝结果为主。结果后，当年还能延伸花束状果枝，下年连续结果。结果几年后，应采取疏一部分细弱枝，回缩一部分老枝，使其更新复壮，重新组合新的结果枝组。

1. 夏剪摘心

图 167　夏剪摘心

枝组修剪第一例，摘心剪梢四、五月。
新梢生长 20 厘米，摘去梢尖早成熟。
主枝附近竞争枝，竞争摘心主从清。
内膛徒长枝摘心，营养集中形成花。
直立旺长枝摘心，增加级次变枝组。

2. 利用副梢扩大树冠

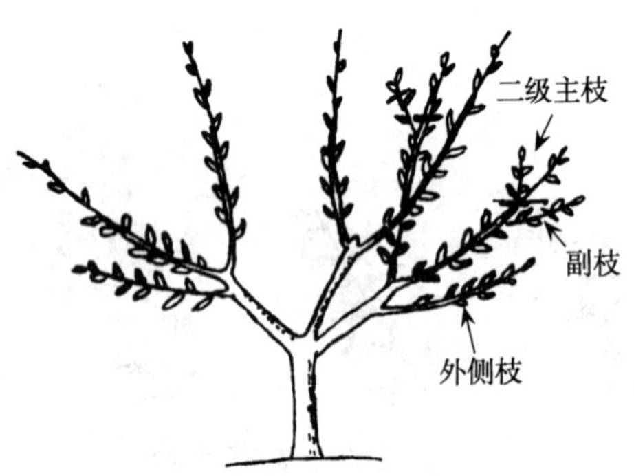

图 168　利用副梢扩大树冠

枝组修剪第二例，利用副梢扩树冠。
杏树萌芽发枝多，枝多幼树易上强。
为使杏树早成形，夏剪开角扩树冠。
夏剪副梢留外芽，外芽生枝角度大。

3. 先放后缩培养枝组

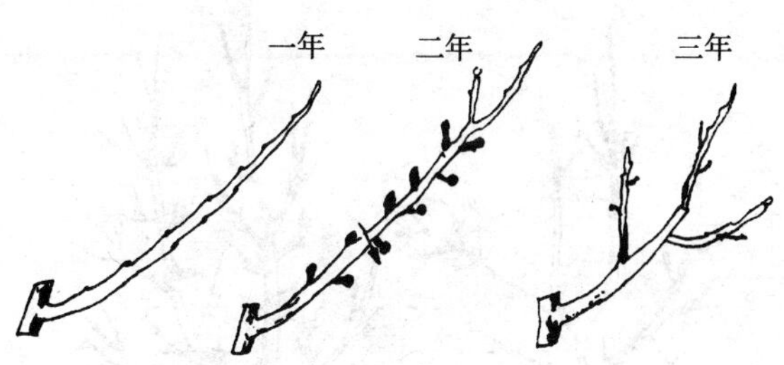

图 169　先放后缩培养枝组

枝组修剪第三例，先放后缩培养枝。
不剪先放一年生，二年见花再回缩。
旺枝长放枝转弱，结了杏果再回缩。
顶芽不剪长放后，形成花芽多结果。
弱枝缓放出分枝，复壮回缩成枝组。

4. 多年生竞争枝处理

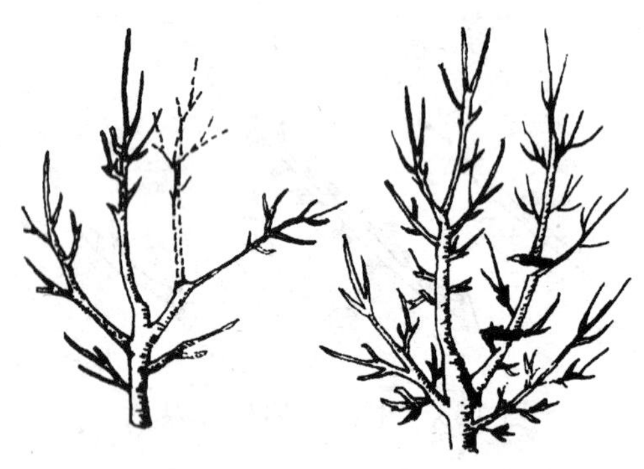

图 170　多年生竞争枝处理

枝组修剪第四例，多年竞争枝处理。
保留原头继续长，折伤削弱竞争枝。
去强留弱或重截，逐年回缩也可以。
如果竞争过强旺，转头逐年削原头。

5. 当年生枝修剪反应

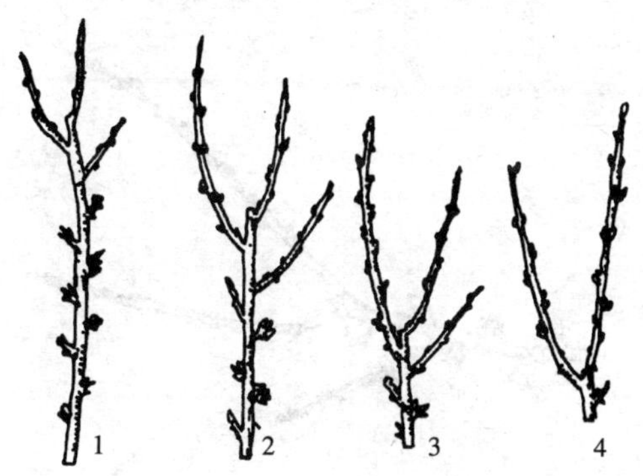

图 171　当年生枝修剪反应

1. 轻剪　2. 中剪　3. 重剪　4. 极重剪

枝组修剪第五例，一年生枝行短剪。
轻剪发枝三、二条，萌芽力低发枝弱。
中剪可发三、四枝，枝条较壮成花多。
重截可以降枝位，培养形成小枝组。

6. 结果枝组修剪

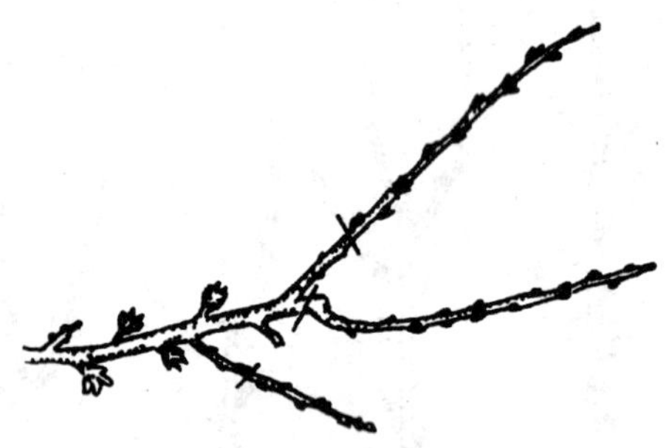

图 172　结果枝组修剪

枝组修剪第六例，杏结果枝组修剪。
杏树果枝寿命短，饱芽留外中短剪。
下年延伸出分枝，上枝中剪留饱芽。
萌发形成发育枝，中枝疏密透阳光。
下枝短截促成花，下年出枝又结果。

7. 杏树强旺枝修剪

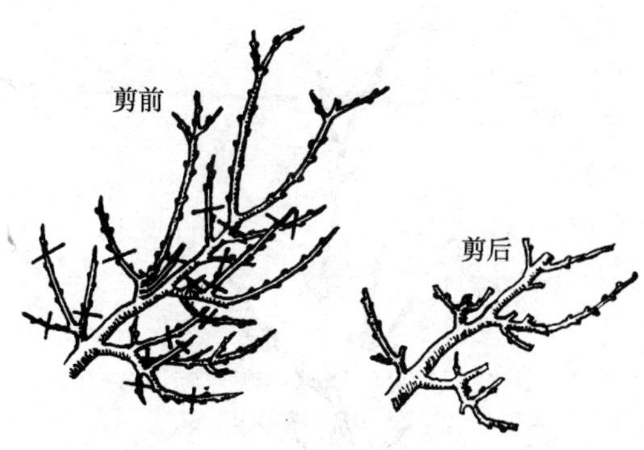

图 173　杏树强旺枝修剪

枝组修剪第七例，杏树强旺枝修剪。
强旺枝组多留果，以果压冠枝缓和。
注意培养预备枝，枝组下部靠骨干。
疏除密生细弱枝，调节结果枝部位。
结果部位要低留，靠近骨干营养足。

8. 枝组衰弱早回缩

图 174　枝组衰弱早回缩

枝组修剪第八例，杏树多年枝回缩。
杏树萌芽发枝多，结果率高易衰弱。
枝组衰弱早回缩，挖心去老留两侧。
老枝更新新枝出，新枝甩放早结果。

第八章　杏树保护地栽培

杏树保护地栽培，集约化经营，能使杏树提前萌芽进入生长期，早结果，早上市，果品经济效益高，这在我国杏树栽培上还是一个新的起点。

第一节　保护地设施的类型及结构

杏树保护地日光温室的选择，应建在北面有后山，背风向阳，地势平坦，土质肥沃的地块上。应是灌溉方便，排水通畅，交通发达的便利场所。场地坐北向南，靠后山建日光温室。如北面没有靠山的，也要人工栽防风林或垒土墙，设防风屏障，防风保温。

日光温室：杏树日光温室采用高后墙，无后坡或短后坡，拱圆形或半拱形结构，建造材料分为钢铁管架焊接结构和竹木、水泥预制件混合结构。

1. 高后墙无后坡全无柱钢筋铁丝焊接架、塑料大棚温室。

2. 高后墙短后坡、前坡有柱竹木结构塑料大棚温室。

跨度：7～9 米。矢高：2.5～3 米。后墙高度随矢高和后屋面长度而定，2～2.5 米。

1. 拱圆式日光温室

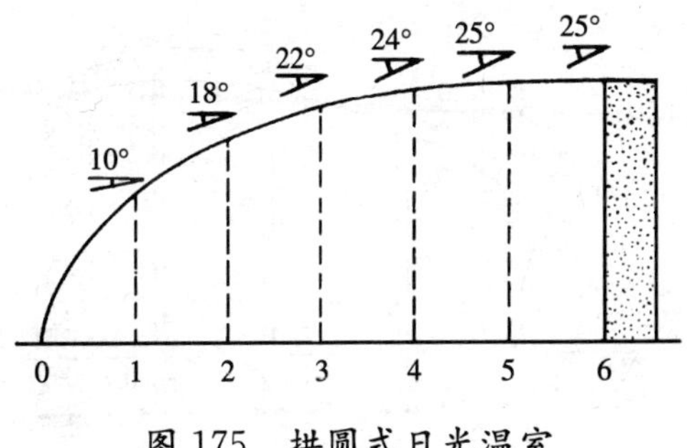

图 175 拱圆式日光温室

保护地栽培第一例，日光温室半拱圆。
棚杏温室半拱圆，跨度六米至八米。
矢高二米半至三米，后墙要高后坡短。
后墙高度随矢高，大约二米半至二米。
竹木结构预制柱，中间设柱一至二（根）。
门窗设在山墙上，自动天窗通风光。

2. 钢铁架塑料大棚

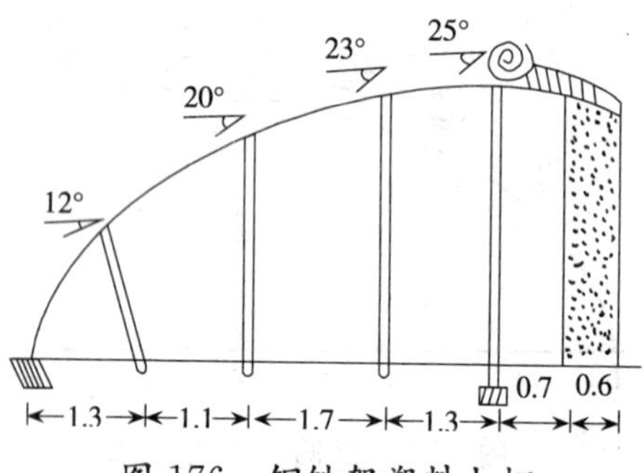

图 176　钢铁架塑料大棚

保护地栽培第二例，钢铁架塑料大棚。
跨度六米至八米，矢高二米至三米。
二至三米一行架，钢铁焊接两斜撑。
大棚遮光面很小，棚内无柱好作业。
门窗设在山墙上，自动天窗通风光。
一次投资造价高，一劳永逸用多年。

第二节　保护地棚杏品种选择

日光温室栽培杏树，要达到高产、优质、高效益。品种选择十分重要。应掌握以下原则：

1. 选用极早熟品种，才能保证在 5 月份上市，获得较高的经济效益。

2. 同一温室要几个品种搭配，可提高坐果率。

3. 宜选用具有完全花，花粉量大坐果率高的品种，才能保证得到比较满意的结果产量。

近年来，人们利用日光温室，栽培早熟杏品种，效果很好。日光温室栽培早熟品种有：凯特杏、早金蜜杏、早红杏等。这些品种结果早，产量高，品质好，可在保护地栽培中推广应用。

1. 凯 特 杏

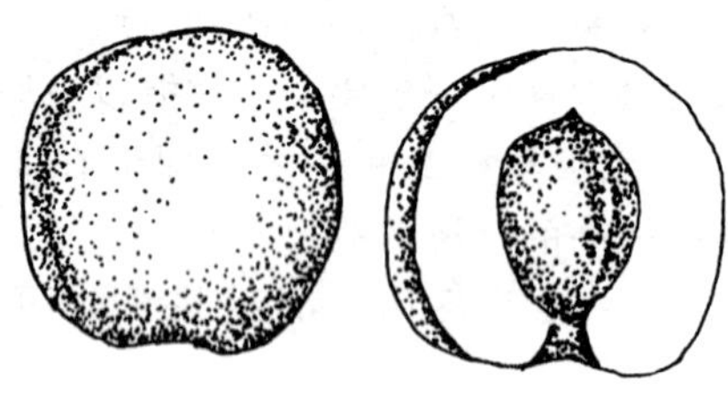

图 177　凯特杏

保护地栽培第三例，美国引进凯特杏。
果实长圆果顶平，两侧肉片较对称。
果实个大较丰产，单果平均 105.5 克。
果皮橙黄阳面红，果肉金黄肉质细。
离核仁苦花量大，自花结实早丰产。

2. 早金蜜杏

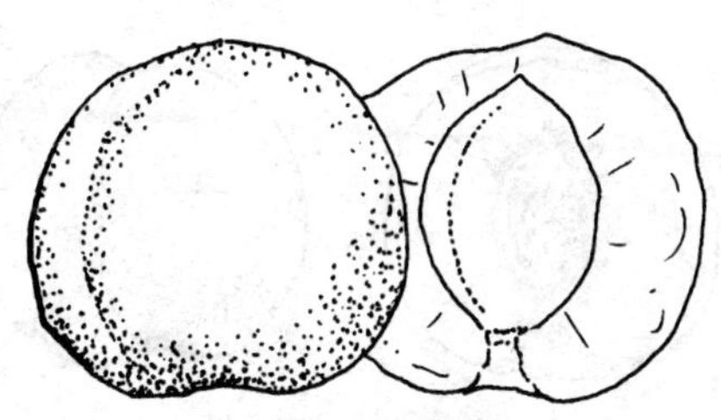

图 178　早金蜜杏

保护地栽培第四例，早金蜜杏极早熟。
果实圆形果顶平，果面橙黄净美观。
肉质细软纤维少，浓甜芳香汁液多。
离核核小品质上，自花结实能力强。
树冠矮化节间短，适宜密植大棚栽。

3. 早红杏

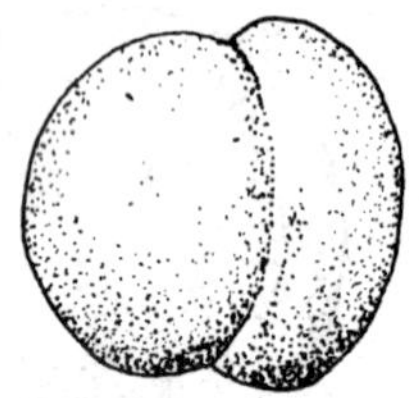

图 179　早红杏

保护地栽培第五例，特早熟品种早红杏。
五月成熟上市早，果实鲜红味浓甜。
花期较早抗晚霜，适宜保护地栽培。
自花授粉结实好，疏花疏果果更大。

第三节　保护地棚杏管理

杏树在保护地栽培，要选择适宜大棚栽培的树形。树冠宜矮小。南面行应选用二主枝开心形。北面行应选用细长纺锤形整形。

杏树在大棚内栽培，要加强温湿度调整，加大土肥水管理。前期要少施氮肥，控制树体旺长，夏季要摘心、扭梢、环剥环刻，实现早成花、早结果。

杏树自花授粉能力低，花期要采用人工授粉，棚内放蜂等方法，促使棚杏早产多结。

1. 保护地棚杏密植栽培

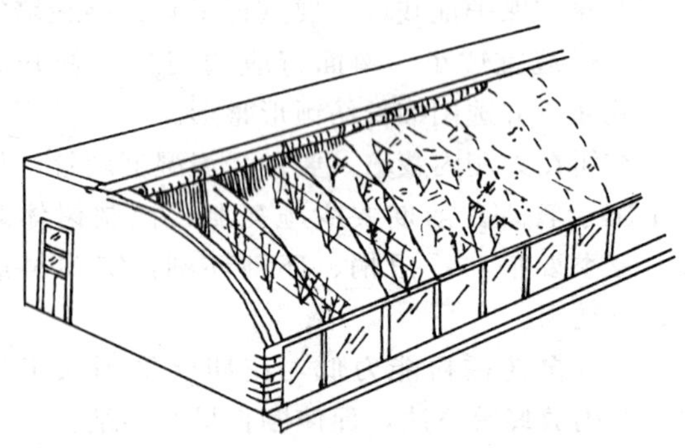

图 180　棚杏密植栽培

保护地栽培第六例，棚杏矮化密植栽。
行距二米株一米，一公顷栽4 900株。
先用盆栽控苗长，土施十克多效唑。
控制幼树新梢长，获的产量再间伐。
结果较早成熟早，提前获利效益高。

2. 保护地杏树整形

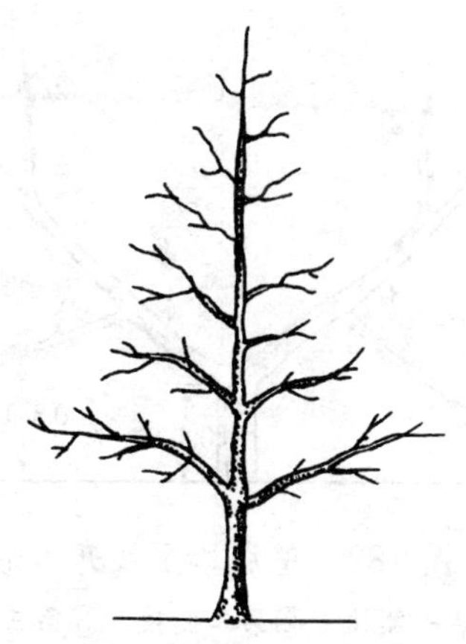

图 181　细长纺锤形

保护地栽培第七例，矮化密植整树形。
塑料大棚栽杏树，整成密植纺锤形。
5～6 叶先摘心，促发副梢选主枝。
30 厘米再摘心，选留 2～3 级枝。
选好几个小主枝，小主枝上留结果枝。

3. 整成二主枝开心形

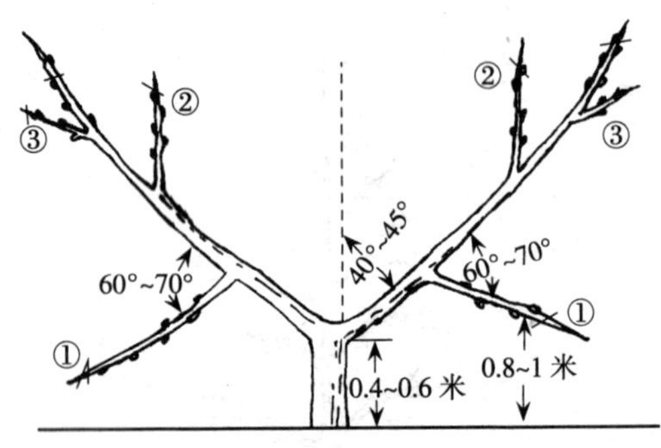

图 182　整成二主枝开心形
①第一侧枝　②第二侧枝　③第三侧枝

保护地栽培第八例，整成二主开心形。
小树定植不定干，中心干拉枝 45°（度）。
第一主枝培养成，再从下面选壮枝。
第二主枝培养成，剪留饱芽留外芽。
扩大树冠要平衡，开张角度要调整。

4. 棚杏温湿度调整

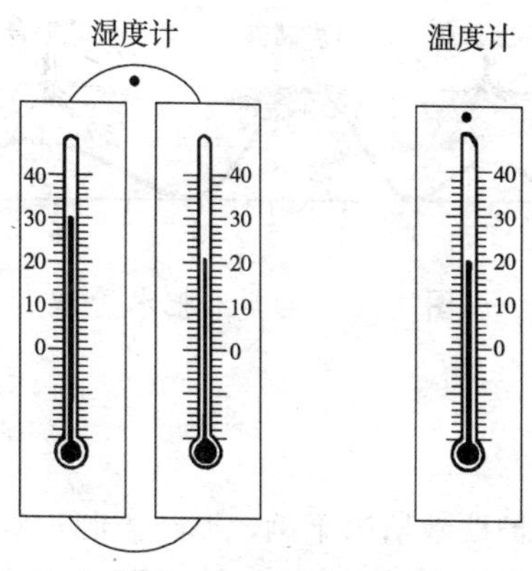

图 183 棚杏温湿度调整

保护地栽培第九例，调整棚杏温湿度。
棚杏要想成熟早，温度湿度要控制。
开春一月早扣棚，提高温度促地温。
白天温度 25℃，温度过高要放风。
花前湿度 70％～80％，花期湿度 50％～60％。
花后湿度 60％，及时调整温湿度。

5. 棚杏土肥水管理

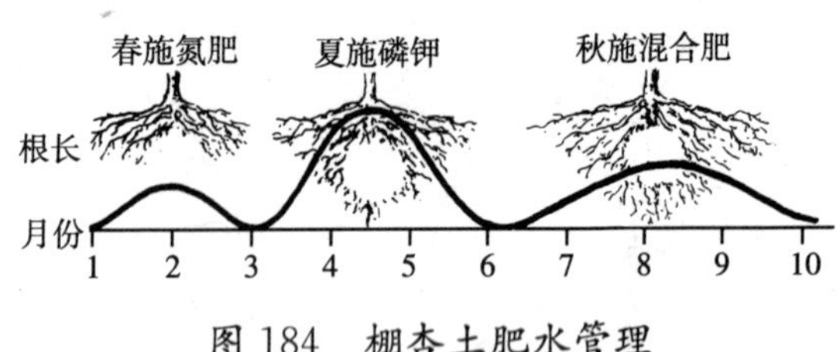

图 184　棚杏土肥水管理

保护地栽培第十例，棚杏土肥水管理。
棚杏施肥需三次，一次基肥二次追。
春扣大棚追氮肥，追肥时间二月份。
三至四月追磷钾，喷施磷酸二氢钾。
棚杏采后施基肥，氮磷钾肥配方施。
施肥之后要浇水，浇水过后要松土。

6. 棚杏人工授粉

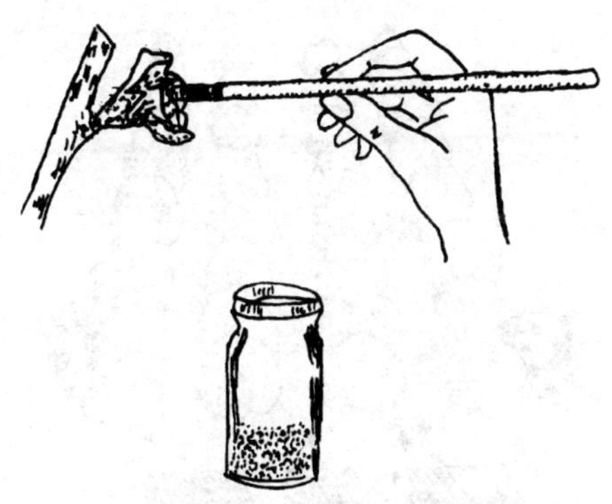

图 185　棚杏人工授粉

保护地栽培十一例，棚栽杏树要授粉。
露地杏树虫作媒，授粉授精效果好。
棚内无虫也无风，杏花授粉受限制。
必须采用人工授粉，先把花粉采集好。
应用毛笔橡皮头，蘸上花粉点柱头。

7. 棚内放蜂

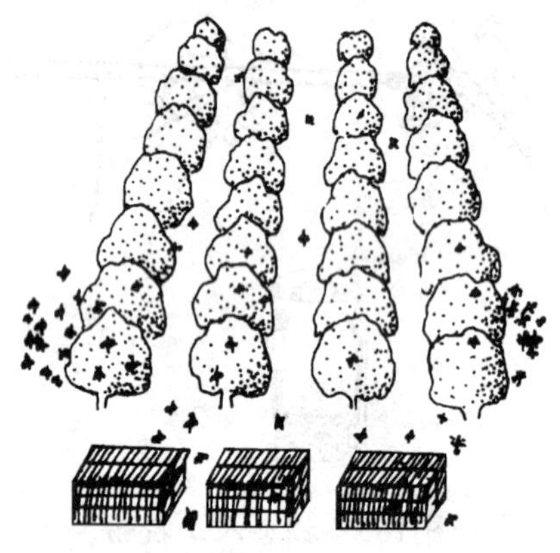

图 186　棚内放蜂

保护地栽培十二例，棚杏花期要放蜂。
蜜蜂采蜜花花采，杏花授粉效果好。
蜜蜂传粉省投资，间接还能收蜂蜜。
棚杏花期来放蜂，采蜜授粉两有利。

8. 棚杏立体结果

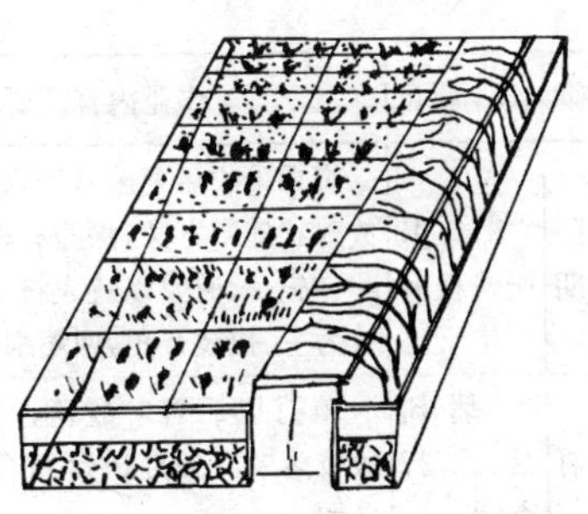

图 187 棚杏立体结果

保护地栽培十三例，棚杏立体好效益。
大棚栽上早熟杏，巧夺市场时间差。
五月先卖早熟杏，市场抢先效果好。
杏树下面栽草莓，九月栽上正月卖。
大棚前行栽葡萄，大棚揭膜架葡萄。
葡萄下架扣大棚，互不影响互利用。

附录一　杏树周年管理工作历

月份	物候期	作业项目	作业内容及要求
8至9月	花芽分化期	施基肥，秋剪	杏果采收后要施基肥：采用环状条状放射状施肥方法，深施有机肥要氮磷钾配方施。秋剪要以疏大枝、直立枝、过密枝为主。拉枝开角，回缩细弱枝
10月	落叶期	翻树盘，清扫杏园	10月以后杏叶脱落，要清扫杏叶、残枝落果，深翻树盘结合施肥，修边垒堰
11月至2月	休眠期	浇冻水，涂白，防病虫	11月上冻前浇冻水 小树埋土防寒，大树主干涂白。落叶后要喷1～5度石硫合剂100倍液，能防治红蜘蛛、介壳虫等病虫害
3月份	花　期	花前追肥，环割	花前花后施肥，追施氮肥，促进杏果生长。 对旺树花后及时环割环剥，花期放蜂，人工授粉
4月份	硬核期	疏果，追肥，浇水	要疏果，要疏小果，疏病虫果。要喷施尿素、磷酸二氢钾，促进果实膨大，要浇透水

（续）

月份	物候期	作业项目	作业内容及要求
5月份	采收期	早熟品种采收，中熟品种促长	5月初早熟品种成熟采收。采收要先外后内先下后上，用篮采摘，轻拿轻放不碰伤。中熟品种促其成熟。要摘老叶，使果实通风透光良好
6月份	旺长期	搞好夏剪	适当短截部分分枝，回缩过旺的结果枝，疏除直立枝、徒长枝。位置适宜的新梢拉平。疏除细弱枝、病虫枝。嫩梢摘心，旺枝拿枝、扭梢
7月份	花芽分化期	控制浇水，注意排水	雨季控制浇水，促进花芽分化，如下雨有积水，要及时排水。 喷辛硫磷防治舞毒蛾、舟形毛虫、黄刺蛾等害虫为害叶片
8月份	花芽分化期	要勤用除草剂除草	要锄草灭荒，喷除草剂防止草荒。要割草、割绿肥捆成草把，在树下挖坑束草压绿肥，这样既灭草荒又割青，施绿肥

附录二　石硫合剂熬制方法

石硫合剂是一种使用范围广，历史悠久，能防治某些病害和虫害的兼用药剂，是果园不可缺少的药剂。现将其熬制方法介绍如下：通常用的配制比例是生石灰 1 份，硫磺粉 2 份，水 10 份，熬制容器是用大铁锅熬制。

熬制时先用热水将生石灰加足水量，烧开，把渣子捞出。然后用少量的热水把硫磺粉调成糊状，慢慢倒入已烧开的石灰乳中，随倒随搅动。维持药液滚动，煮 1 小时后，药液变成酱油色时，就熬成了。熬煮过程中，先用木棍垂直向锅底量一下水液面，做好记号，以便随时加补蒸发掉的水分。

熬好的药液冷却后，滤去渣子即成石硫合剂原液。用波美比重计测量其浓度后，贮存于缸内密封或加少许油，使其表面与空气隔绝待用。

石硫合剂不但能杀死一些病菌，还能对一些螨类害虫和介壳类害虫等有触杀作用。将它喷到树体上，使其形成药膜，能防止病菌侵入树体，起到保护作用。使用时，只要知道了原液比重，就可以运用重量倍数稀释表，查出加水量。如果一时没有稀释表，也可用下面的公式计算出加水的升数，用起来也很方便，这个计算公式是：

$$\text{需要加水数量(升)}=\frac{\text{原液的波美度数}}{\text{需要稀释的波美度数}}-1$$

附录三　波尔多液配制方法

波尔多液是应用范围最广，应用历史最久的一种杀菌剂。杀菌力强，药效范围广，药效持久，对植物安全，能防治多种病害。它由硫酸铜，石灰和水混合配制而成。配制好的波尔多液为天蓝色，不透明，略带黏性的悬浮液。波尔多液的主要成分是碱式硫酸铜。喷到植物表面后，能形成一层水溶性很低的防病薄膜。

根据硫酸铜和石灰的比例，波尔多液可分为：石灰多量式（1∶3～5）、石灰倍量式（1∶2）、石灰等量式（1∶1）、石灰半量式（1∶0.5）和石灰少量式（1∶0.25～0.4）等多种。硫酸铜与水的比例表示波尔多液的倍数。通常适用160倍、200倍和240倍。一般表示波尔多液的（全称用三者的比例，如200倍等量式波尔多液的配比为硫酸铜∶石灰∶水＝1∶1∶200）。

波尔多液的配制方法有两种，一种为两液法、一种为稀铜浓石灰法。

1. **两液法**：将生石灰先加少量水化成石灰乳，过滤后加水至欲配药液全量的一半。硫酸铜用热水在另一个容器中化开，再加入与配石灰液相同的冷水。然后将两液同时慢慢倒入第三个容器内，边倒边搅拌即成。

2. **稀铜浓石灰法**：将硫酸铜溶于多量水中，配成稀硫酸铜液，把石灰溶于少量水中，配成石灰乳，然后将硫酸铜液慢慢倒入石灰乳中，不断搅拌即成。

附录四　涂白剂的配制

杏树枝干冬季涂白剂，可用来预防冻害，夏季可用来预防日烧及防治病虫害等都有好处。

配制方法：生石灰 6 千克，食盐 1～1.25 千克，大豆展着剂 250 克，水 18 千克。先将生石灰化开，做成石灰乳。然后加入大豆展着剂，大豆展着剂可用豆浆，或用豆饼浆代替。涂白剂的浓度，以涂在树干上不往下流，不黏成块。能薄薄粘在树干上一层为宜。石灰的用量可根据石灰的质量增减。